Este libro está dedicado para todas las personas, eventos y circunstancias que han contribuido de una u otra manera para que yo haya llegado a este momento de mi vida, justo de esta manera como ha sido.

Un agradecimiento especial a mi esposa, quien realizó la primera revisión detallada de cada capítulo, me brindó valiosas recomendaciones para garantizar la claridad del mensaje. ¡Te amo mi amor! También a mis padres, por su infinito apoyo, ejemplo, y herencia genética.

Y aunque tal vez suene extraño, también agradezco a esta pandemia de COVID-19 ocasionada por el virus SARS-CoV-2, ya que brindó el conjunto de circunstancias y motivación idónea para realizar este libro.

Muchas gracias a la vida, por permitirme seguir aquí.

COMUNIDAD DE EMPRENDEDORES

Paulo César Ramírez Silva

Contenido

Bienvenida: Un llamado URGENTE

Este libro es un llamado urgente para un sector importante de la humanidad al que denominamos **Homo Brutus Imaginatius**, o **HBI**, caracterizado por:

1. Llamar **progreso** a deliberadamente destruir biodiversidad y alterar el delicado equilibrio de los ecosistemas, sin comprender las consecuencias.

2. Dedicar su vida a lograr algo que llama **éxito**, y que consiste básicamente en aspirar ser parte del grupo de personas que terminan convirtiéndose en las más acaudaladas y poderosas del cementerio. Vive para trabajar y acumular riqueza material para varias generaciones, cuando puede vivir solamente **una vida** y tanto la medicina como la tecnología más avanzadas están muy lejos de ayudarle a prolongar su existencia más allá de la edad que de manera natural han alcanzado las personas más longevas.

3. Dedicar su vida a trabajar para conseguir **dinero**, cuando ese dinero es solamente un invento creado por ellos mismos. No se puede comer, no te puedes vestir con él, no te sirve para comprar nada de lo realmente importante (salud, vida, respeto, cariño, amor), y justo durante las crisis más duras provocadas por pandemias, terremotos, inundaciones, tsunamis, incendios, etc.; cuando lo que se busca es sobrevivir, demuestra no tener utilidad.

4. Creer que puede **"poseer bienes del planeta"**, que puede comprar y transformar a su antojo un pedazo de superficie del planeta y todo lo que vive en ella. Hace esto, sin ser consciente que el planeta surgió hace aproximadamente 4.5 mil millones de años, la especie Homo Sapiens hace algunos cientos de miles de años, y su

exageradamente efímera expectativa de vida apenas supera los 80 años en los países con la población más longeva. Para comprender mejor esto, si el planeta Tierra fuera una persona, la vida de un ser humano sería mucho menos que un rapidísimo pestañeo del planeta.

5. Haber diseñado un **"estilo de vida moderno",** basado esencialmente en llevar una vida sedentaria, mala alimentación, respirar aire contaminado y no contribuir con su salud mental. Hace esto, ignorando que su cuerpo fue diseñado para estar en movimiento, que requiere alimentarse de ciertos nutrientes que lo mantienen sano y con un sistema inmunitario fuerte, y que su salud mental es esencial tanto para su salud integral como para su creatividad y productividad.

6. Tener acceso a la mayor cantidad de información y conocimiento científico en la historia, pero **prefiere creer en fantasías, movimientos ideológicos, fanatismos y creencias altamente contradictorias**, con muy poco o nulo sustento científico. Considera que es libre de creer y difundir tonterías, porque puede y quiere hacerlo; afirma con total convicción que está en su derecho, y que los demás no tienen razón para juzgarlo.

7. **Crear problemas innecesarios por gusto**, para luego diseñar soluciones sintomáticas (que atienden síntomas y no las causas de fondo). Si el problema fue creado por estar alineado con una de sus fantasías y sus sentimientos están involucrados, no lo observa como algo grave. Si una solución de fondo NO está alineada con sus fantasías y le incomoda, prefiere condenar a quienes se les ocurra sugerirla, y socialmente son aceptadas como personas de bien quienes están a favor de la solución sintomática, aunque al mismo tiempo genere otros problemas imprevistos.

¿En verdad hace todo eso? ¿No estaremos exagerando?

Justo al momento de escribir este libro, el Homo Brutus Imaginatius, o HBI se encuentra atravesando por una situación que permite ejemplificar todo lo anterior, si acaso no lo creyeras:

Primeramente y como antecedente, desde hace algún tiempo decidió deliberadamente tener una población cada vez más numerosa, capitalista, global, hiperconectada, con el mayor acceso a información y libertad de expresión que nunca.

1. **Más población** implica mayor demanda de recursos de todo tipo: espacio para vivir, alimentación, energía, agua potable, medios de transporte, etc. Todo ello genera más desechos, tanto orgánicos como inorgánicos (basura). Como requiere más espacio para habitar y más tierras de cultivo, tiene que tomarlas de donde pueda, alterando ecosistemas y destruyendo biodiversidad.

2. Su **modelo económico capitalista** requiere producir más y más, vender más y más, para acumular más y más riqueza material. Los insumos de las cadenas productivas de bienes se toman de la naturaleza. Muy poco existe todavía de economía circular (aprovechar desechos de un proceso productivo como insumos para otro). Esto implica alterar ecosistemas y destruir biodiversidad.

3. Gracias a la **globalización**, ciertos insumos y productos terminados son elaborados en países o regiones diferentes a donde son utilizados, haciendo a países dependientes de otros en asuntos clave como alimentación, energéticos, tecnología, medicinas, automóviles, e incluso equipo médico, entre muchos otros. Para el capitalismo global esto representa una gran ventaja y de hecho una victoria indiscutible. Defienden con total convicción: ¿Qué sería lo

peor que podría ocurrir si un país dependiera de insumos clave que provienen de otro? Además, en ese mundo global las personas viajan de un lugar a otro, haciendo normal y deseado el que las nuevas generaciones se conviertan en constantes viajeros globales.

4. Cada persona puede consumir la **información** que se le antoje, ya sea conocimiento científico, o las más descabelladas teorías de conspiración. Con herramientas y tecnología mínimas puede también generar su propia información y difundirla a su antojo. ¡No importa ni tu currículum, ni tu experiencia, ni tus intenciones, ni tu estabilidad emocional, ni si es verdad o no! ¡Tu opinión importa! O al menos eso dicen, y lo defienden como un derecho inalienable.

Con su estilo de vida moderno insano, el nivel de salud en general no es el mejor, haciéndolos susceptibles de enfermarse y que los efectos de las enfermedades sean más severos.

La comunidad científica y algunos líderes documentan y difunden que bacterias y virus se hacen más resistentes o bien que pueden mutar, que los antibióticos son ahora menos efectivos, y que hay lugares donde ya sea el cambio climático o la irrupción humana pueden hacer que aparezcan nuevos patógenos que podrían generar nuevas enfermedades, padecimientos y pandemias más severos.

Sin embargo, el Homo Brutus Imaginatius (HBI) no les hace caso…

Como les encanta el entretenimiento, su enfoque, tiempo y recursos se destinan más hacia actividades de entretenimiento que científicas, ingenieriles o médicas. Han creado una era donde un "influencer", "youtuber", "actor", "futbolista", "activista", y otros relacionados ganan más dinero, reconocimiento, fama y difusión que los más importantes descubrimientos y avances científicos, ingenieriles o médicos. EE. UU., el país que había sido considerado líder global en varios sentidos ahora destaca porque sus jóvenes prefieren convertirse en youtubers, influencers y tiktokeros que en científicos. Así en muchos países. En un caso distinto resalta China, donde sus jóvenes se muestran más interesados en la exploración espacial, tecnología y ciencia.

¿Qué podría salir mal con esta forma de vida?

¿Acaso algo podría salir mal?

Y de pronto...

¡PUM!, en algún lugar del planeta surge un nuevo virus, el ahora mundialmente famoso "SARS-CoV-2", que es un tipo de Coronavirus, causante de la enfermedad "COVID-19". El virus no es tan letal como otros anteriores, pero sí altamente contagioso y engañoso, ya que o bien no presenta síntomas o los presenta muy leves, mientras sigue esparciéndose entre la población. Ataca particularmente a personas de edad avanzada y a quienes tienen padecimientos previos, especialmente los relacionados con un estilo de vida insano que provoca un sistema inmunitario débil (obesidad, diabetes, hipertensión, tabaquismo, enfermedades cardiovasculares, enfermedades respiratorias crónicas, cáncer). Según la Organización Mundial de la Salud (OMS), la letalidad del virus comenzó siendo de un 3 a 4% (del total de las personas infectadas), pero al momento de terminar este libro iba en aproximadamente 2%. Cuando se logra inmunidad de grupo, colectiva o de rebaño, el porcentaje de letalidad se estima que se puede reducir a menos del 0.5%.

¿Qué haría esta especie ante esta situación?

Mira nadamás qué chulada de anécdota del tipo "aunque usted no lo crea", o "increíble pero cierto":

Mientras surge este nuevo virus, la mayoría de los habitantes de los países y zonas desarrolladas están ocupados con su estilo de vida moderno, trabajando para ganar dinero y ser exitosos con gran riqueza material, viajando de un lugar para otro, con un nivel de salud bajo o medio, y entretenidos con todo aquello que hoy entretiene: redes sociales, memes, videítos de youtubers o tiktokeros, películas, reguetoneros, comediantes, eventos de deporte profesional, etc. Además, sus líderes están más enfocados en ideologías que han tomado fuerza en últimos años, y en general la población e incluso algunos gobiernos muestran desdén e incluso desconfianza hacia la comunidad científica. Ahora existen movimientos "terraplanistas", "antivacunas", "feministas", "conspiracionistas", "dietas-de-todo-tipo", entre otros, quienes reciben más atención y fama que la comunidad científica.

¿Cómo es posible que no se haya reaccionado a tiempo?

La comunidad científica publica distintos estudios desde hace varios años sobre riesgos de futuras pandemias y lo que se requiere para poder hacer frente a ellas, pero una mayoría de la población y gobiernos no les hacen caso. Líderes globales lo indican en eventos globales, pero el mensaje no hace eco. Tiempo después aparece este nuevo virus, hay quienes generan una alerta en China, que es el país donde inició, pero basta con que aquel amigo conspiracionista o que "sabe mucho" les asegure que todo esto es en realidad una treta comercial entre grandes potencias, **que no es real y que, si así lo fuera, no es de tanto riesgo**, para que no hagan caso a la comunidad científica y sigan viajando e interactuando sin ninguna precaución. El virus se sigue esparciendo por todo el mundo, y especialmente entre los países y ciudades más interconectados.

¿Cómo es posible que no hayan avisado a tiempo a la población?

La población anda ocupada, distraída, entretenida; para ellos es más importante sus vacaciones planeadas, el viaje de negocios esperado, seguir produciendo, seguir trabajando, o participar en las protestas del 8 de marzo y todas las que se puedan, que un supuesto virus que se está comenzando a esparcir por todo el mundo. ¿Cómo es posible que un virus menor pudiera detener la economía, el modo de vida y todas las actividades, solamente para evitar contagios? ¡Claro que no! Siguen viajando e interactuando. Siguen ocupados, distraídos y sin interés en lo importante. Ahora tienen una pandemia global.

¿Cómo es posible que tengamos esta crisis?

En Europa y EE. UU., hasta que se registra un número considerable de muertes los gobiernos deciden tomar el asunto en serio y actuar. En otros lugares del mundo actúan antes, al ver el impacto en Europa. Algunos deciden continuar de manera casi normal, apostándole a la inmunidad de grupo o colectiva, solamente tomando ciertas precauciones, considerando su situación particular y la baja tasa de letalidad del virus. En mi país, México, así como en muchos otros, se opta por el aislamiento y surge el mensaje "¡Quédate en casa!". México pertenece al grupo de países con los más altos índices en obesidad y diabetes, así como otros padecimientos que hacen que ese sector de la población sea de alto riesgo. En su gran mayoría, esos padecimientos se desarrollan por el estilo de vida moderno y altamente insano.

¿Qué hacemos?

¡Ah, ya sabemos! Aquí una idea GENIAL:

¡Hagamos el estilo de vida moderno más insano de lo que ya es!

Se sabe que el sistema inmunitario responde positivamente a un estilo de vida de aquella persona que se mantiene activa, que se alimenta con nutrientes de calidad, que hace ejercicio, que tiene contacto con la naturaleza, que socializa, que comparte momentos especiales con sus seres queridos, y que tiene tiempo para sí misma (para meditar, pensar, para crear). Por otro lado, se sabe que el sistema inmunitario responde negativamente a lo opuesto, además de que también le genera un impacto negativo el estrés y preocupación, por ejemplo, por su estabilidad económica o incertidumbre en el futuro.

¿Cómo cuidamos entonces que los casos graves sean los menores, para no saturar los sistemas de salud?

¿Cómo cuidamos de esas personas que pertenecen al grupo de riesgo?

Ahhhh, pues, ¡que todos se encierren en sus casas, que dejen de trabajar, que ya no vayan a parques, que no vean a sus seres queridos, que no vayan a gimnasios!, ¡que no salgan!, ¡cerremos empresas y toda actividad no esencial!, ¡cerremos también parques, centros comerciales, gimnasios, cancelemos eventos y todo lo no esencial!, ¡hagamos un movimiento que se llame #QuédateEnCasa o #QuédateEnCasaYa, y señalemos como faltos de compromiso y solidaridad a todos los que se empeñen en mantener su estilo de vida sano, porque ponen en riesgo a los pobrecitos seres inocentes que pertenecen al grupo de riesgo!

¡Hagamos insanos a TODOS!

Cuando encierras en su hogar a las personas, las estás confinando a ser todavía más sedentarias de lo que acostumbran, estando más propensas a comer más. Les generas preocupaciones e incertidumbre sobre su estabilidad económica y futuro. En muchos casos sufren de un pánico que los hace somatizar la enfermedad, es decir, que de tanto pensar en la pandemia llegan a sentir los síntomas, aunque no estén enfermos.

Esto alienta las compras a domicilio, generando con ello una cantidad de basura y plástico mayor a lo que ya se tenía. Lo más cómico de esto es que apenas hace algunos meses tenían una campaña contra el uso del plástico, pero ahora ya se les olvidó. ¡Ahora hay envolturas de plástico por todos lados, además de la basura generada por el uso de cubrebocas desechables, toallitas desinfectantes y envases de gel antibacterial!

Es decir,

Se enfocan en atender un síntoma del verdadero problema, al tiempo que generan otros. Hacen de eso un movimiento y la sociedad enjuicia a quienes desean mantener actividad y su estilo de vida sano. Ahora los "solidarios" son los que aceptan joder su estilo de vida para comprometerse principalmente con quienes no demuestran un compromiso consigo mismos. Son muy pocos los que tienen padecimientos previos que no son atribuibles a su estilo de vida.

Estoy escribiendo este párrafo el 7 de abril de 2020. Según la información que recopila a nivel global la Universidad Johns Hopkins y que integra en su plataforma disponible en la dirección web https://gisanddata.maps.arcgis.com/apps/opsdashboard/index.html#/bda759 4740fd40299423467b48e9ecf6, con conexión a Internet cualquier persona tiene acceso a información como la que sigue sobre el progreso de la pandemia:

A nivel GLOBAL:

- 1,381,014 casos confirmados.

- 76,507 muertes: 5.53% la tasa de letalidad (porcentaje de muertes con respecto al total de casos confirmados).

- 292,467 recuperados: 21.17% del total de casos confirmados.

Países más afectados:

ITALIA (Población de 60 millones):

- 132,547 casos confirmados.

- 16,523 muertes: 12.46% la tasa de letalidad y 0.027% la tasa de mortalidad (con respecto al total de la población).

- 22,837 recuperados: 17.22% del total de casos confirmados.

ESPAÑA (Población de 47 millones):

- 140,511 casos confirmados.

- 13,897 muertes: 9.89% la tasa de letalidad y 0.029% la tasa de mortalidad.

- 43,208 recuperados: 30.75% del total de casos confirmados.

ESTADOS UNIDOS DE AMÉRICA (Población de 327 millones):

- 369,060 casos confirmados.

- 11,830 muertes: 3.2% la tasa de letalidad y 0.0036% la tasa de mortalidad.

- 20,003 recuperados: 5.42% del total de casos confirmados.

Países de primer mundo con una afectación menor:

ALEMANIA (Población de 83 millones):

- 105,519 casos confirmados.

- 1854 muertes: 1.76% la tasa de letalidad y 0.002% la tasa de mortalidad.

- 36,081 recuperados: 34.19% del total de casos confirmados.

CHINA (Población de 1,400 millones):

- 82,718 casos confirmados.

- 3,335 muertes: 4.03% la tasa de letalidad y 0.0002% la tasa de mortalidad.

- 77,410 recuperados: 93.58% del total de casos confirmados.

SUECIA (Población de 10 millones y no está llevando estrategia de aislamiento):

- 7,693 casos confirmados.

- 591 muertes: 7.68% la tasa de letalidad y 0.005% la tasa de mortalidad.

- 205 recuperados: 2.66% del total de casos confirmados.

Finalmente, mi país que, si bien no califica como primer mundo, pero sí pertenece al G20, para incluirlo en la comparativa:

MÉXICO (Población de 130 millones):

- 2,439 casos confirmados.

- 125 muertes: 5.12% la tasa de letalidad y 0.00009 la tasa de mortalidad.

- 633 recuperados: 25.95% del total de casos confirmados.

Claro, para el momento en que estés leyendo esto los datos habrán cambiado, pero el punto esencial de tener acceso a información detallada se mantendrá y, de hecho, habrá más información tanto global como por países, regiones y ciudades. **La tendencia indica que la tasa de recuperación de personas infectadas mejorará con respecto a esta información.** Ya tú validarás si efectivamente eso ha sucedido.

Ok, si se cuenta con bastante información, referencias de acciones de otros países, regiones, empresas de todos tamaños y las acciones de todo tipo de perfiles de líderes mundiales. Ahora...

¿Crees que contando con tal información esta especie actúe mejor?

¿Sus ciudadanos comprenderán los datos esenciales y harán su parte para lograr la menor afectación?

¿O acaso será que aprovecharán para enfocarse en difundir pánico, teorías de conspiración, atacar a los políticos o sectores sociales contrarios a sus fanatismos ideológicos, indicar que es algún tipo de castigo divino, o promover odio hacia sus enemigos (imaginarios)?

Aunque usted no lo crea:

Efectivamente… hacen esto último.

Y siguen aprovechando el momento para defender a toda costa sus fantasías.

Así es el Homo Brutus Imaginatius, o HBI, y esta es su era.

Los HBI son aquella porción de los seres humanos que no entienden que su existencia es tan increíblemente efímera, que no alcanza a ser ni un pestañeo para la vida del planeta o incluso para la existencia de su misma especie, y que aun así creen que mientras viven pueden ser dueños de cosas y dominar a otros seres vivos, incluyendo otros humanos. No comprenden que solamente vivirán una vida y actúan como si fueran eternos. No comprenden todavía el mundo que los rodea, las intrincadas relaciones entre ecosistemas, biodiversidad y los medios que sustentan la vida misma, y aun así se atreven a modificarlos. Crean entes y entidades imaginarias (como el dinero, las corporaciones, el éxito) y les dan más importancia a ellas que a lo que sostiene la vida y garantiza su supervivencia como especie. Les interesa más la opinión y los sentimientos que tienen los demás sobre esos entes imaginarios, que resolver de raíz problemas importantes para garantizar su supervivencia. Si acaso se atreven a resolver algo, lo hacen de manera superficial, generando otros problemas al mismo tiempo, pero promoviendo una nueva fantasía que los hace sentir líderes exitosos. Si algo imaginario e incluso absurdo los hace convertirse en líderes respetados y queridos, entonces lo convierten por decreto en realidad. Teniendo a su alcance la mayor cantidad de conocimiento científico en la historia, prefieren creer en fantasías, tomar decisiones basadas en fantasías, ser alabados por quienes creen en las mismas fantasías, y rechazan todo lo demás, sea verdad u otras fantasías distintas a las propias.

¿Crees que podamos seguir existiendo mucho tiempo como especie si continuamos así?

Este capítulo inicia indicando que este libro es un llamado urgente. Ok,

¿Para qué es entonces este llamado?

¡Para CAMBIAR!, ¡carajo!

La comunidad científica es muy clara: esta pandemia es solamente una práctica, un ensayo para el futuro. Además, ya se ha estimado una fuerte severidad de la temporada de huracanes para este 2020, más los efectos del cambio climático y el resto de los problemas que el HBI ha generado con su estilo de vida moderno.

Si para otra cosa es bueno el HBI es para olvidar rápido y seguir viviendo "la vida loca"...

¡No podemos seguir así!

Bien, como en todo proceso de solución de una problemática, primero necesitamos identificarla, para luego idear algunas hipótesis de solución, analizarlas, ponerlas a prueba, e ir aplicando las mejores. ¡Avancemos!

Introducción

Cómo aprovechar este material

Así como ya lo pudiste notar en la bienvenida, este es un libro enfocado para la población en general, utilizando un estilo de narrativa ejemplificada y un lenguaje sencillo, de tal manera que sea una lectura fácil y amena, pero exageradamente clara en cuanto a los argumentos base. También lo leerán líderes en distintos ámbitos, como políticos, empresariales, académicos, y sociales. Ya el tiempo permitirá validar qué tan lejos llegará este mensaje, y que tanto impacto tendrá.

Me encuentro con gran premura para poder crear un material de calidad, por lo que pongo sobre aviso lo siguiente:

1. La **narrativa ejemplificada** busca que el mensaje clave llegue y pegue duro. De otra manera no generaría impacto. Si en algún punto del proceso de pensamiento identificas alguna falla menor o posible sesgo, pero aun así el mensaje principal es claro y logra el impacto esperado, yo quedo satisfecho con el resultado. Solamente te pido me escribas para indicarme el error, y así poder mejorar la siguiente edición. Una gran ventaja de esta tecnológica es que podemos actualizar un libro casi en tiempo real. Al final de este apartado encontrarás mis datos de contacto.

2. Este libro **carece de referencias bibliográficas**. Un gran problema que tenemos en la actualidad es que no sabemos validar si se nos presenta información verídica o no; si es real o fakenews. Si no lo sabes hacer, te invito cordialmente a regresar a la escuela. Me he

limitado a señalar algunas fuentes conforme brindo datos, cifras, indicadores, o algún vínculo a un sitio web. Para lo demás, así como aparecen las palabras en el texto puedes buscar la información en los medios que desees. Seguramente encontrarás lo necesario para profundizar tanto como lo desees. Si aspiramos en verdad dejar de ser Homo Brutus Imaginatius, o HBI, necesitamos ser capaces de formar nuestro propio criterio, sabiendo investigar, validar y analizar información.

3. Puesto que la información en particular sobre esta pandemia de Coronavirus COVID-19, causada por el virus SARS-CoV-2 sigue evolucionando, así como la situación de cada país y región, entre tanto problema por el que atraviesa la humanidad y nuevos descubrimientos a la vez, **seguramente al momento en que leas este libro las cifras presentadas aquí ya serán obsoletas**. Seguramente las noticias del momento serán diferentes. Enfócate por favor en las tendencias y en los mensajes importantes. Si te distraen cosas como que en lugar de ser 0.02 es 0.03, o que un término no fue utilizado de la manera que sabes es la correcta y no logras enfocarte en el mensaje clave, que de cualquier manera se mantiene muy claro, mejor sigue con tu vida porque este libro no es para ti. Eso sí, igualmente al final de este apartado tienes mis datos de contacto para enviarme las sugerencias que desees. Ten por seguro que las tomaré en cuenta.

4. **Este libro es para personas prácticas enfocadas en la acción**, que quieren y pueden ponerse de inmediato a realizar un cambio en sus vidas e impactar en su entorno. Si eres de esos autodenominados *expertos* con mentes inmensamente rebuscadas, que solamente se sientan frente a un escritorio y detrás de una computadora a criticar

lo que hacen los demás, seguramente percibirás este libro como *"un conjunto de análisis simplistas que no atienden ni demuestran entender una realidad que es mucho más compleja de lo que parece ser".* Si es así, este libro no es para ti, mejor sigue haciendo lo que sabes hacer y deja que las personas con enfoque práctico nos pongamos a actuar.

5. **Este libro enlista, describe, ejemplifica y analiza un montón de fantasías** que los humanos creen que son ciertas con total convicción, por las que están dispuestos a cortar relaciones de amistad, profesionales, de negocios, familiares y hasta de pareja. Puede ser que alguna te parezca bastante divertida, claro, cuando no sea de las que tú crees; pero cuando me refiera a alguna de las que defiendes y por las que te peleas con desconocidos en redes sociales, es bastante probable que te sientas ofendido y que desees abandonar la lectura, no sin antes mencionar mi nombre más alguna palabrota, lanzándome alguna injuria mental o verbal.

6. Finalmente, **este libro es lo más sintetizado posible, para leer fácil y rápido,** pero aun así te pido que lo leas con detenimiento, y que terminando cada capítulo analices tu comportamiento y estilo de vida con respecto a lo que se presenta, para que seas totalmente consciente de lo que puedes comenzar a ajustar de inmediato. Los capítulos analizan las fantasías más relevantes que he identificado en el comportamiento del HBI. **Por favor haz una pausa al terminar cada capítulo y reflexiona.** En el último capítulo brindo algunas recomendaciones para quienes desean ir más allá de su impacto en lo personal, para esos líderes que saben que no podemos seguir así, porque como decía un compañero en la escuela: "nos va a cargar el payaso a todos".

Avancemos entonces, y recuerda: valida tú mismo la información que consideres, enfócate en los mensajes clave, diviértete y a la vez no te sientas ofendido, haz una pausa terminando cada capítulo para analizar tu propio aprendizaje, y...

¡Avancemos!

Aquí te brindo mis datos de contacto:

Ing. Paulo César Ramírez Silva

Sitio web: https://web.emprendhec.com

Info sobre mí: https://sway.office.com/WWI8fgi79t2O5Uo4

En redes sociales aparezco con mi nombre completo. Solamente uso LinkedIn y Twitter (aunque OJO, porque ahí soy políticamente incorrecto).

01 - Breve síntesis histórica de un cómo llegamos aquí

Sí, nos lo buscamos. Solitos.

¡Son sistemas complejos, no conspiraciones de un nuevo orden mundial!

Echemos un vistazo al pasado.

Todo en el planeta era un mundo feliz:

Hace 5 mil años los seres humanos batallaban para sobrevivir. Se cuenta con registros que indican que ya existían reinos, imperios, religiones, una forma primitiva del dinero y la escritura. Había guerras. Hace 3 mil años había guerras, hace 2 mil también, hace 1000 también, hace 500 con la invasión y colonización de América según distintos registros históricos murieron entre el 80% y 90% de la población nativa. En los siglos XVIII, XIX y XX (los 1700s, 1800s y 1900s) la mayoría de los territorios colonizados se independizaron de los países colonizadores, principalmente mediante enfrentamientos armados. La segunda guerra mundial terminó en 1945, y de ahí en adelante siguieron distintos conflictos armados en distintos países... al presente día todavía existen guerras, crimen organizado, cárteles de narcotraficantes, etc.

¡Ok! ¡Está bien! ¡No ha sido un mundo precisamente feliz!

Pero, de hecho, acorde a estudios realizados por Steven Pinker, Hans Rosling y otros, estamos viviendo el periodo más pacífico en la historia de la humanidad. ¡Qué tal! ¿Te parece? Bueno, en realidad el que lo sea se refiere a comparativos históricos, no a la opinión de nadie.

¿Y cómo llegamos aquí entonces?

Bien, primeramente, necesito platicarte un poco de sistemas, sistemas complejos y dinámica de sistemas.

Un **sistema** es un objeto complejo cuyas partes o componentes se relacionan con al menos alguno de los demás componentes.

Una computadora es un sistema, ya que se compone de partes como el CPU, el teclado, la memoria, la pantalla, la tarjeta de audio, la tarjeta gráfica, etc., y todas ellas se relacionan de tal manera que puedes realizar bastantes actividades como trabajar, jugar, navegar en Internet o ver películas cuando las partes se interrelacionan de la manera correcta.

Un ser vivo es un sistema, pero mucho más complejo. Tú eres un **sistema complejo**. Cada órgano de tu cuerpo se relaciona con varios más, de formas que todavía no alcanzamos a comprender. Un ser vivo no es como una computadora o un automóvil donde simplemente puedes cambiar una pieza por otra y ponerlo a funcionar nuevamente.

Existen entonces **sistemas físicos y sistemas orgánicos (o biológicos), simples y complejos**. Una herramienta mecánica para reparar automóviles, digamos un gato (el artefacto que lo levanta para cambiar una llanta) es un sistema físico simple, mientras un Falcon 9 (el cohete reutilizable de SpaceX) es un sistema físico complejo. No es lo mismo reparar el gato que el Falcon 9, o el BFR (el enorme cohete de carga más reciente de SpaceX).

Ahora, una hormiga es un sistema orgánico más simple que un ratón. El ser humano es un sistema orgánico muy complejo. No hemos terminado de comprender cómo funcionan ni sus partes, especialmente el cerebro. El cerebro es en sí mismo un sistema orgánico bastante complejo.

No hemos ni siquiera terminado de comprender el funcionamiento del ser humano.

Un ecosistema es también un sistema orgánico bastante complejo. ¿Quién pensaría por ejemplo que las pequeñitas abejas jugaban un rol tan importante para nuestra supervivencia? Para ponerlo en muy pocas palabras, una buena parte de la producción de nuestra alimentación vegetal y de los ganados que nos alimentan con carne, así como la biodiversidad mundial dependen de ellas. Benditas abejitas.

Un pensamiento muy HBI es del tipo: *"¿Qué importan esas abejas que además molestan y nos pueden picar?"*, o bien, *"No importa si contaminamos el aire y por ello se mueren insectos"*.

Los ecosistemas de nuestro planeta son igualmente incomprendidos, y no podemos simplemente andar modificándolos sin comprender las consecuencias. ¿Sabes, por ejemplo, el efecto que tiene la arena de las dunas desérticas de África en el Amazonas en Sudamérica? ¿Sabes para qué sirven las corrientes submarinas cálidas y frías en los océanos? Hay documentales muy recomendables y con escenas impresionantes, que permiten conocer un poco más sobre nuestros ecosistemas, como

"Planeta Tierra 1 y 2" (Planet Earth de la BBC), "Nuestro Planeta" (One Strange Rock de National Geographic), entre otros.

Tampoco hemos terminado de comprender el funcionamiento, ni individual ni integrado, de los ecosistemas y la biodiversidad de nuestro planeta.

Es decir, que no sabemos gran cosa de lo importante… ¡pero espera!, apenas vamos iniciando.

Un **sistema social** es aquel donde sus componentes o partes son otros seres humanos. Esto implica que cada uno tiene sus propios propósitos y motivaciones. En un sistema físico podemos identificar solamente ciertas funciones. Por ejemplo, una herramienta o un cohete son realizados con fines muy concretos. Un ser vivo como un pez (sistema orgánico o biológico), que no es tan complejo como el ser humano, tiene los propósitos de sobrevivir y reproducirse, pero el ser humano muestra varios propósitos simultáneos: no solamente busca sobrevivir y reproducirse, sino otros asuntos relacionados con su consciencia, percepción, emociones y sentimientos, que siguen estudiando ampliamente los neurocientíficos, psicólogos y sociólogos.

Lo que nos interesa en este momento con respecto a sistemas complejos es ser conscientes de lo siguiente:

1. No comprendemos todavía cómo funcionamos los seres humanos.
2. No comprendemos todavía cómo funciona el planeta donde habitamos.
3. Un ser humano tiene distintos propósitos. Algunos son necesidades biológicas para sobrevivir, y otros no biológicos, relacionados con su

consciencia, sentimientos, deseos, miedos, valores, y distintas fantasías en las que decide creer.

4. Un sistema social se integra por personas con distintos propósitos cada una, con necesidades biológicas similares y con una infinita variedad de las que no son biológicas.

Y así andamos por la vida en este planeta…

¿Te das cuenta del nivel de complejidad de un sistema social, especialmente cuando se va haciendo más y más y más numeroso, cuando además forma parte de un sistema orgánico bastante complejo como lo es nuestro planeta?

La **dinámica de sistemas** es una metodología para analizar y modelar el comportamiento de sistemas complejos. Es decir, que antes de ponernos a modificar las partes de un sistema complejo y sus interrelaciones *"a ver qué pasa"* o con la creencia del tipo *"no pasa nada"*, podemos primeramente modelarlo para comprenderlo mejor, analizar las posibles consecuencias y finalmente hacer pequeños ajustes de manera gradual, para actualizar el modelo y continuar así para realizar ajustes mayores.

Solamente a un HBI se le ocurrirían afirmar cosas como:

- *"¡Esta tierra es mía y puedo hacer con ella lo que yo quiera!"*.
- *"Me mandaron un mensaje donde dice que el metanol ayuda a curar el coronavirus. Probaré un poco a ver qué pasa y le diré a mis conocidos, porque pues más vale cuidarnos."*.
- *"Si producir más bienes implica generar más basura, pues tirémosla en esa área alejada de la ciudad. No pasa nada."*.

- *"Sigamos haciendo crecer la ciudad, la economía, la población, el uso de energía no renovable y todo, ya que como sea tenemos un planetototota que no se acaba."*

Si deseas profundizar sobre el funcionamiento de sistemas complejos, pensamiento de sistemas o dinámica de sistemas, te recomiendo lo siguiente: si eres estudiante, enfócate en el área fisicomatemáticas, y si ya eres graduado o solamente quieres aprender más, consulta los autores Jay Forrester, Jamshid Gharajedaghi, Russell Ackoff, Stafford Beer.

Principios de sistemas y sistemas sociales

Uff... bueno, para ya enfocarnos en cómo llegamos aquí, antes es necesario repasar los principios de los sistemas, para comprender mejor el funcionamiento de sistemas sociales, que son los más complejos:

1. **Son abiertos**: Es decir, que impactan afuera de sus límites y son impactados por lo que sucede alrededor. Ejemplo: un país no puede pretender actuar por sí solo para resolver el cambio climático, que es un asunto global; ni tampoco un país puede pretender que su impacto en los ecosistemas solamente le afectará a él y a su gente. Para entender el comportamiento de un sistema se requiere también comprender su entorno.

2. **Muestran comportamiento contradictorio**: Puedes hacer algo creyendo que es positivo, pero en la práctica surgen efectos negativos, y viceversa. Nos hemos acostumbrado a visualizar relaciones causa-efecto lineales y de corto plazo. Es decir, que en el tiempo primero sucede un evento, luego pasa un corto tiempo y se produce un efecto. En sistemas complejos donde sus partes están

interrelacionadas suceden relaciones causa-efecto circulares con relaciones múltiples (no por remover la aparente causa se elimina el efecto), hay retrasos en que suceda el efecto (para sociedades grandes pueden durar años), y por las intrincadas interrelaciones que muchas veces no son identificadas, pueden suceder efectos inesperados o contrarios a lo que se esperaba. Ejemplo: El COVID-19 es malo para la vida humana porque está causando muerte y crisis en distintos ámbitos, pero está demostrando increíbles beneficios para el resto de la naturaleza. Además, una parte de la sociedad está encontrando tiempo para rediseñarse y reenfocarse.

3. **Son multidimensionales:** No funcionan solamente para una variable y un solo propósito, sino que se tienen que observar como una gama increíblemente amplia de estados objetivos y de formas de ser percibidos. Ejemplo: El café y el alcohol, así como muchas otras sustancias, tienen efectos tanto positivos como negativos en el cuerpo y en el estado de ánimo de quien los consume; no se puede afirmar que son totalmente buenos o completamente malos. Existen condiciones, cantidades y distintas variables a considerar. No se puede pensar en un Todo-Bien o Todo-Mal. Tenemos un capítulo dedicado a esto más adelante.

4. **Generan propiedades emergentes:** Un ser humano puede experimentar algo que identificamos como **amor**, pero el amor no se logra sumando mecánicamente órganos del cuerpo más venas más tendones más huesos, etc., sino que surge como una propiedad emergente (algo que no se esperaba ni que puede ser explicado con una simple fórmula). Lo mismo sucede con la consciencia, o la vida misma. Un ejemplo es que con esta pandemia estamos viendo distintos movimientos, activismos, ideas, emprendimientos altamente creativos y personas siendo más conscientes; así como

líderes empresariales validando que el dinero no los está salvando, generando con ello un nivel de consciencia que de otra manera no se podría haber logrado.

5. **Manifiestan propósito:** ¿Qué función tenemos los seres humanos?, ¿para qué estamos aquí?, ¿cuál es la razón de nuestra existencia? Durante algún tiempo el HBI daba por sentado el existir, y creía que estaba a punto de descubrir la "cura" para la muerte, o al menos poder extender la vida. Se está dando cuenta que no es así, que todavía estamos muy lejos de eso como especie. Estamos validando que estábamos llevando una existencia extremadamente superficial, creyendo en fantasías que han puesto en juego nuestra propia supervivencia como especie humana. Justo ahora es el momento para reencontrar propósito, y quién sabe, tal vez este libro ayude a lograrlo.

¿Y qué pasa con nuestra mente y percepción?

Ya casi llegamos al punto donde revisaremos cómo llegamos aquí... ¡Espera!, solamente falta un asunto: gracias a los físicos y neurocientíficos, sabemos que nuestra percepción es increíblemente limitada y que puede ser engañada fácilmente.

Primeramente, **nuestros sentidos están muy limitados**. Por ejemplo, el espectro electromagnético conocido abarca desde longitudes de onda que van desde 10^4 m, estando las ondas de radio en el rango de 10^3 m, y hasta los rayos gamma, que se encuentran en el rango de 10^{-12} m. La luz visible, o sea lo que nuestros ojos alcanzan a ver, solamente sucede entre 380 a 750 nm, que corresponde a una pequeña fracción del rango de 10^{-6} m. En cuanto a nuestra capacidad auditiva, el espectro audible (lo que podemos escuchar) abarca en promedio sonidos con frecuencias entre 20 Hz y 20 KHz. Entonces, si puedes comprarte unos audífonos muy avanzados, es altamente probable que puedan reproducir frecuencias que ni puedas escuchar. Algo semejante sucede con el tacto, con el olfato y el gusto. Existen otros seres vivos en el planeta que tienen mucho mejor desarrollados algunos de los sentidos.

Entonces, nuestros sentidos limitan bastante nuestra percepción física.

Ahora, ¿qué sucede con nuestra **percepción y nuestra mente**?

Bueno, primeramente, tenemos integrado un malévolo filtro que permite libre acceso solamente a lo que nos interesa, y descarta todo lo demás. De igual manera, nuestros prejuicios descartan información que es contraria a nuestras creencias o fantasías más arraigadas. Piensa en un paisaje que te haya gustado e intenta recordar. ¿Qué recuerdas? Te darás cuenta de que no recuerdas todo. Intenta recordar ahora la entrevista de alguien a quien admiras, y de alguien a quien detestas, ¿qué recuerdas? Asimismo, solamente recordarás lo que te interesa, o bien lo que te impactó emocionalmente.

Una función que se ha encontrado para nuestro cerebro con gran consenso en la comunidad científica es que almacena información y la compara con la que está recibiendo en el presente, para visualizar posibles escenarios a futuro. Esto ha sido logrado gracias a la evolución de nuestra especie humana, como una estrategia de supervivencia que busca que actuemos de manera anticipada ante posibles riesgos.

El problema es que tiende a estar buscando patrones, que en un mundo moderno tan exageradamente complejo en muchas ocasiones no resultan reales. Por ejemplo, piensa en cómo se ve una persona de "confianza". Bueno, ese es el patrón que ha almacenado tu cerebro. Si se presenta contigo una persona con una imagen muy diferente a ese patrón, seguramente tendrás desconfianza. Piensa ahora en una serie de eventos que en el pasado demostraron ser ciertos: un crimen de estado, una gran estafa, una crisis global. Como son los que más se recuerdan, más se presentan en las noticias y sobre los que más se habla en los círculos sociales más cercanos, son los patrones que quedan grabados en nuestro cerebro.

Integrando las limitaciones de nuestros sentidos y los sesgos con los que nuestra percepción nos puede engañar fácilmente, piensa en una noticia donde resalten datos como los siguientes:

1. Una **crisis global**, que se está extendiendo a ser no solamente de salud, sino económica y de otras índoles.
2. Un **virus** del que no tienes un solo conocido que se haya enfermado, y para el que tus contactos comienzan a difundir conspiraciones de todo tipo.
3. Existe alguien (persona, país o corporación) a quien justo ahorita **le está yendo muy bien**, y alguien a quien le está yendo muy mal. Alguien de los más ricos del planeta se hace más rico.
4. Los **políticos** de tu país demuestran no saber bien cómo atender el problema y según tu percepción tardan en actuar. Pareciera que esconden algo...

¿Qué te viene a la mente?

¿Qué habrá de fondo?, ¿será un problema real, o una conspiración global del nuevo orden mundial reptiliano e illuminati?, ¿tal vez un invento que encierra detrás una guerra comercial entre las grandes potencias?

Jeje, no te preocupes. Muchos caen en estas "trampas de la percepción". Espero que ahora quede mucho más claro cómo sucede esto.

Y entonces, ¿cómo llegamos aquí?

Habiendo sentado las bases, contemos la siguiente historia, iniciando luego de haber concluido la Segunda Guerra Mundial, por ahí de 1946. Ya sabemos lo que implica jugar al *"A ver qué sucede"* y el *"¿Qué es lo peor que pudiera pasar?"* sin saber las consecuencias, así que veamos:

Primeramente, murieron muchas personas, entre civiles y personal militar. En aquel entonces (1946) había un estimado de 2.3 mil millones de personas en todo el mundo. Se estima que la guerra causó la muerte de 85 millones de personas, equivalente aproximadamente a un 3% del total. ¿Qué hacemos entonces? ¡Pues necesitamos recuperar esas vidas! ¡Todos a reproducirnos, a seguir creciendo en población! No entendemos bien ni cómo funciona el ser humano ni la naturaleza ni hemos analizado con cuidado los aprendizajes de la guerra, pero pues ¡ya lo iremos aprendiendo en el camino! A esta generación que nació a partir de la segunda guerra mundial se le llamó **Baby Boomers, y abarcó los nacidos entre 1946 y 1964.** Les tocó vivir de mano de sus padres la reconstrucción y el crecimiento. Si bien ya no hubo guerras mundiales, sí les tocó vivir la guerra fría, la carrera espacial para llegar a la Luna en 1969, protestas contra nuevas guerras pequeñas como Vietnam, la liberación sexual, el movimiento ecologista, feminista, y otros. En gran medida, el mundo actual fue moldeado por los Baby Boomers, y un porcentaje importante de ellos son todavía los más grandes multimillonarios. Diseñaron y pusieron en marcha un tipo de capitalismo más liberal, para poder crecer más rápido. Se comenzaban a desarrollar las primeras computadoras, y el Internet estaba iniciando, aunque con propósitos de investigación y académicos. Internet nació con el propósito de ser un "espacio, libre y abierto, para que toda la humanidad pudiera compartir ideas y conocimientos", según lo expresa Tim Berners Lee, conocido con el padre de la World Wide Web (o Internet).

Llegó después la **Generación X, los nacidos entre 1965 y 1980**. En 1965 había 3.3 mil millones de personas en todo el mundo. Como más lleva a más, ¡pues sigamos reproduciéndonos! ¡Todavía tenemos un planetototota para someter a nuestro antojo! A esta generación le toca vivir una etapa con menor educación directa y cuidado de sus padres, gracias a que hay más divorcios, a que las mujeres también trabajan, y que hay más opciones para el cuidado de los niños. Hay más televisión, surgen las primeras computadoras comerciales, es la generación que les toca vivir el surgimiento de la tecnología en el hogar, Internet y MTV. Todo ello al mismo tiempo en que hay menor cuidado directo por parte de los padres. Buscando cómo acelerar más la economía, se renueva un tipo de capitalismo ahora de tipo neoliberal, del cual hablaremos con mayor detalle en el siguiente capítulo. El capitalismo va pasando de ser un modelo económico a un tipo de religión, cuya finalidad es maximizar ganancias para los accionistas, a cualquier costo. Gracias a las bolsas de valores, un capitalista ya no podía ganar dinero solamente por compraventa de bienes o por rentabilidad de empresas de las que era accionista, sino por **especulación** sobre el valor de empresas, bonos y diversos instrumentos financieros que se fueron creando. Ya sabemos, ¿qué es lo peor que podría pasar si seguimos reproduciéndonos más y más, produciendo más medios de comunicación y tecnología, alejando a los padres de sus hijos, todo esto al tiempo que va creciendo la ambición capitalista de tener más y más, para alcanzar un estilo de vida de mayor nivel? Los padres de familia afirmaban con total convicción: "Que nuestros hijos tengan lo que nosotros no tuvimos,", es decir, que estarían menos tiempo con ellos, pero les darían más cosas materiales, esperando así construir un mundo mejor..."

Sigue la generación **Y (Millennials), que son los nacidos entre 1981 y 2000.** En 1981 éramos ya 4.5 mil millones de personas. Oye, pero ya somos muchos, ¿no? Si el planeta es finito, imagino que deberíamos realizar algunos estudios sobre la capacidad de uso de recursos, de disponibilidad de agua potable, de tierras de cultivo, de ganado, entre otros, ¿no? Además, ¿no deberíamos monitorear cómo va cambiando el comportamiento de la sociedad y las nuevas generaciones? Ha habido muchos cambios sociales y seguimos creciendo. ¿Ah sí? ¿¡Y qué importa!?, finalmente seguimos teniendo un planetototota y ¡necesitamos producir y vender más y más y más, para poder tener más y más dinero! Además del capitalismo neoliberal, las computadoras y el acceso Internet para la población, el mundo se va haciendo más y más globalizado. Se va afianzando el capitalismo como religión, donde sus máximas son la acumulación de dinero y la riqueza material. Los padres de familia trabajan más y más para poder mantener a sus hijos, para poder pagarles una buena educación universitaria, y para lograrlo sacrifican el estar todavía menos tiempo con ellos (si acaso no se han divorciado, ya que cuando se divorcian es todavía más difícil). ¿O sea que a esta generación le tocó aquel pretexto de los padres del tipo "como te quiero mucho no puedo estar contigo porque tengo que ir a trabajar para conseguir dinero para comprarte cosas"? Exactamente. La desigualdad se va acelerando ya que, así como algunos han sabido aprovechar las ventajas del capitalismo, hay otros que se van quedando atrás, muy atrás. En 1987 surge una crisis financiera global, provocada por... adivina. ¡Así es! ¡El mercado de valores en EE. UU.! La historia demuestra que las Bolsas de Valores son muy buenas para inflar valor y luego tronar como palomitas. A esta generación y las anteriores les tocó la otra crisis provocada por la "Burbuja PuntoCom", que sucedió entre 1997 y 2000, ¿adivina por qué? ¡Así es! Por especulación de las Bolsas de Valores sobre el valor real de las nuevas empresas de Internet que estaban surgiendo. En México tuvimos una fuerte crisis financiera en 1994, donde muchas empresas cerraron, muchas familias perdieron sus casas y bienes inmuebles, sus ahorros, sus empleos, y además muchos de los créditos que tenían activos se volvieron impagables.

Finalmente, la **generación Z (a partir del año 2001 y hasta este 2020)**. Para no alargarnos tanto porque creo que ya vamos comprendiendo cómo llegamos hasta aquí, adivina: ¿Qué hizo la humanidad en este periodo? ¿Hizo una pausa para analizar su aparente progreso, o simplemente lo aceleró?

¡Efectivamente! ¡Aceleró el ritmo! ¡Queremos más! ¡Más de todo!

En 2001 éramos 6.2 mil millones de personas. En 2020 somos alrededor de 8 mil millones de personas, y seguimos sin comprender bien cómo funciona nuestro cuerpo, nuestro cerebro, nuestra mente, los ecosistemas del planeta, etc.

Oye, pero ¿o sea que sin comprender nada de lo realmente importante se siguió haciendo más de lo mismo, pero más rápido, y combinado con un montón de cosas nuevas que se les iban ocurriendo y que iban haciendo todo más y más complejo, interconectado y global?

Aunque usted no lo crea, así es.

Con Internet, mayor ancho de banda y las redes sociales ahora se le dio la oportunidad de opinar a toda persona con acceso a estas herramientas. Gracias a ello se transformó por completo la industria de los medios de comunicación y de noticias. Pero no solamente eso, sino que permitió a cualquier persona crear sus propios contenidos, publicarlos y difundirlos. La desigualdad actual es increíblemente alta, ya que según Credit Suisse, en 2018 el 1% de la población poseía el 50% de la riqueza del planeta. Gracias a la actividad humana el IPCC pronostica un incremento de 1.5 grados centígrados de temperatura global entre 2030 y 2052 (que es preocupante). Pareciera que ahora tenemos una generación de HBIs que por lograr "Likes" en sus redes sociales incluso mueren tomándose fotos, gracias a distintos accidentes que en realidad son muy fácil de predecir y que para hacerlo no se requiere gran inteligencia, sino simplemente poner atención en la escuela o tener sentido común…

En fin, vivimos en una era donde coexisten realidades increíblemente opuestas:

- Algunos están creando la tecnología para colonizar el planeta Marte, otros están creando la Inteligencia Artificial General, otros construyendo Robots-Humanoides capaces de realizar tareas complejas, otros están editando el ADN de seres vivos, entre muy diversos avances científicos y tecnológicos.
- Al mismo tiempo, existen personas que viven en una era todavía agrícola, industrial muy básica, sociedades nativas que conservan sus usos y costumbres, y familias que apenas tienen lo necesario para sobrevivir.

- En 2018 más de 820 millones de personas murieron de hambre, mientras que desde 1975 la obesidad se triplicó, contando actualmente con un aproximado de más de 2 mil millones de personas con sobrepeso en el mundo, y alrededor de 650 millones con obesidad.
- Todavía hay conflictos armados en distintos lugares del mundo.

Entonces, ¿cómo llegamos aquí?

¿Ya lo puedes ver? ¿Es una conspiración del nuevo orden mundial, o es simplemente el resultado de la forma de actuar del Homo Brutus Imaginatius (HBI), en todo su esplendor?

Son tantas cosas las que están ocurriendo y han venido ocurriendo particularmente desde el año 2000 y a un ritmo increíblemente acelerado tales que, si tomas una cierta porción de información sobre un tema y la intentas correlacionar con maquiavélicos planes de alguna entidad diabólica, pues claro que podrás interpretarlo como se te antoje. Una mente enfocada en un shot de mezcal, hasta en las nubes encontrará una forma de shot de mezcal, más la botella completa y una agradable compañía con quién decir ¡salud!

Una cosa va llevando a la otra, pero si sumas muchas cosas, muchísimas al mismo tiempo, aceleras el ritmo y le sigues agregando más y más y más sin comprender lo que estás haciendo; si le agregas tecnología que lo acelera todavía más y una ambición desmedida por acumular más y más, sin interesarte en lo realmente importante...

¡PUM! Aquí estamos. Así es como llegamos hasta aquí.

02 - ¿Es el capitalismo neoliberal el causante de todos los males?

¿O será el Homo Brutus Imaginatius (HBI)?

Vivimos tiempos extraños, donde a pesar de contar con el mayor acceso a información y conocimiento científicos en la historia, una parte importante de la población sigue mostrando una especie de poderosa, contagiosa e irreparable adicción por las fantasías, que terminan convirtiéndose en ideologías que son ampliamente difundidas y defendidas hasta la muerte por distintos grupos. Sí, hay HBIs muy locos.

Ya que hemos visto los antecedentes sobre sistemas complejos, sistemas sociales y dinámica de sistemas, será mucho más sencillo tratar este tema. Primeramente, necesitamos definir y poner en contexto al capitalismo neoliberal.

¿Qué es el capitalismo neoliberal?

Desde la perspectiva histórica, es una actualización a la versión anterior de capitalismo, que era el **capitalismo liberal**. Surgió como una necesidad y oportunidad para afrontar los retos de la era moderna. Se sabe que el economista alemán Alexander Rüstow acuñó al **neoliberalismo (capitalismo neoliberal)** como filosofía económica en

1938. Se puso en práctica en las décadas de 1970 y 80, aunque varios autores, economistas, políticos y promotores, venían formando sus ideas desde los 30's. En el ámbito económico, se identifica a Milton Friedman (Premio Nobel de Economía en 1976) y Friedrich Hayek como sus principales exponentes. En el ámbito político, se identifica al expresidente de EE. UU., Ronald Reagan, y a la antigua primera ministra británica, Margaret Tatcher, como sus principales promotores.

Básicamente, lo que busca es llevar a cabo una amplia liberalización de la economía, el libre comercio en general y una drástica reducción del gasto público y de la intervención del Estado en la economía en favor del sector privado, quien pasaría a desempeñar las competencias tradicionalmente asumidas por el Estado.

Más concretamente, el sector privado conformado por empresarios y capitalistas pasarían a desempeñar los roles que en determinados países asume y financia el Estado con impuestos del contribuyente, como salud, educación, energía, infraestructura y distintos servicios básicos.

¿Y esto qué quiere decir?

Primeramente, es conveniente aclarar que estamos hablando de HBIs, quienes son seres que actúan de manera inconsciente e impulsiva, sin comprender lo importante sobre la vida, el universo y el planeta, que piensan muy de corto plazo, que creen que son seres únicos y que actúan como si fueran a ser eternos. Es importante aclarar esto porque, CUALQUIER filosofía, ideología, metodología, teoría o incluso un hecho científico pueden ser interpretados y aplicados de maneras muy diferentes, dependiendo de las personas que los tomen como referencia. Puede ser que, en su esencia más pura, una filosofía, modelo o metodología cuenten con gran lógica, sustento y valor, pero que en la interpretación e implementación sean completamente distorsionados.

Hablemos entonces de la interpretación e implementación del capitalismo neoliberal por parte del HBI, que ya tú mismo validarás si has visto si algo de esto ha sucedido o sucede en tu país:

¿De qué se trata el neoliberalismo?

Primordialmente, de **transformar a todo en un libre mercado**: a todo el planeta de ser posible, y hacer a todos los seres humanos, regiones y otros seres vivos parte de ese mercado global. Todo está a la venta, todo está a la compra, y todo está a la libre especulación.

En ese mercado, se trata de convertir a creadores, inventores, aventureros, exploradores, pioneros, artistas, científicos y población en general en tres simples categorías: **consumidores**, **productores (o empresarios)** y **capitalistas**.

Basémonos en el siguiente ejemplo para explicarlo:

El **consumidor**, es aquel fan de los festivales de música, quien dedica su vida principalmente a trabajar incansablemente todos los días para ganar dinero y poder así pagar un boleto para poder asistir al festival que más le gusta. **Gasta** su dinero y un porcentaje de su preciado tiempo libre en ir a ese festival, ya que busca pasar un rato agradable, divertirse y conocer personas afines.

En este ejemplo podemos tener dos tipos de **productores:** el **artista (DJ, músico, grupo musical)** y el **empresario** que realiza el festival de música. El **artista** dedica su tiempo principalmente a crear nuevos materiales musicales y a participar en distintos tipos de presentaciones como conciertos, festivales musicales y apariciones en distintos medios de comunicación. Estas actividades le permiten **ganar dinero y fama**. Por otro lado, el **empresario** se encarga de la organización del festival como tal. Dedica su tiempo principalmente a ubicar los mejores lugares, los artistas del momento, conseguir patrocinadores, establecer la estrategia de comercialización, etc., y **gana dinero** por ello. Para ponerlo en perspectiva, el artista gana por una presentación en un festival donde tal vez participan 10 artistas, mientras que el empresario gana por todo el evento, y cada presentación de cada artista le representa importantes ganancias. El empresario no es tan famoso o conocido como el artista, pero gana varias veces más el dinero que el que recibe el artista.

El **capitalista** es quien pone el dinero a trabajar para él, y aparece en distintas formas: Puede ser aquella entidad que presta dinero para que suceda el festival, y que obtiene un rendimiento por ello. Prácticamente no usa su tiempo para ganar más dinero, sino que **el dinero trabaja por sí mismo para generar más dinero**. Puede ser también alguien que es dueño (**accionista**) de una corporación que posee una red de festivales con presencia global, que **gana dinero por cada festival** que se realiza en el mundo. Puede tener a varios festivales ocurriendo al mismo tiempo, ya que su tiempo personal no representa ninguna restricción para que sucedan varios eventos al mismo tiempo, o que varios artistas estén presentándose en varios lugares del planeta el mismo día. En otro caso, podría también ser alguien que **compra acciones mediante la bolsa de valores** de la corporación que realiza estos festivales. Este tipo de capitalistas invierten en varias empresas de manera anónima, y no necesariamente son accionistas representativos. Pueden poseer porcentajes muy pequeños, pero por los que están ganando constantemente dividendos, y se dedican a comprar y vender acciones, según precios en el mercado de valores. El corporativo designa responsables por festival, siendo el capitalista solamente un tipo de accionista que cada cierto tiempo valida sus ganancias (o pérdidas) y según el tipo de participación, pudiera asistir a reuniones de consejo para reportes de resultados financieros, presentación de estrategias y toma de decisiones importantes. Los capitalistas son todavía menos conocidos que los productores (artistas o empresarios), pero son quienes poseen la mayor riqueza material en el sistema capitalista.

El **capitalista** gana mucho más que el **empresario** (o director de un festival) y requiere trabajar mucho menos que él. Un **empresario** gana considerablemente más que un **productor** (artista) y requiere trabajar menos que él. El **consumidor** trabaja para los anteriores y es quien a su vez les devuelve parte de sus ingresos para ayudarles a incrementar sus fortunas. Para que el capitalista gane más dinero, de algún lugar tiene que salir ya que no se crea por arte de magia, y ese lugar son los demás actores del sistema capitalista. Para que gane, alguien tiene que perder.

En este mundo de consumidores, productores y capitalistas, **todo** está a la venta, todo se puede y debe privatizar, y todo es para consumir. ¡Entre más produzcas y vendas, serás más exitoso! O bien, ¡entre más consumas, te sentirás más exitoso! Entre menos intervenga el estado y el control del mercado lo tengan los capitalistas, **¡mucho mejor!**

Nota: En un escenario ideal se creía que el control del mercado lo tendrían los consumidores, y que gracias a ello habría justicia en los autoajustes que propiciaran los propios consumidores, pero no ha sido así del todo. El historiador Yuval Noah Harari, en sus libros "Sapiens", "Homo Deus" y "21 lecciones para el siglo XXI" describe muy bien cómo con la integración de tecnologías como la Inteligencia Artificial, Biotecnología, Neurociencias y Psicología, implementadas incluso a través de redes sociales y distintos medios de comunicación, es posible manipular cada vez más fácilmente a la población, es decir, a los consumidores. Plantea un posible escenario futuro donde las grandes corporaciones tecnológicas y biotecnológicas puedan conocer más a las personas de lo que se conocen ellas mismas, sabiendo perfectamente cómo manejar sus emociones y dirigir sus decisiones.

El HBI, como ha sostenido durante toda su existencia que *"Tenemos un planetota y muchos países"*, mantiene vigente la fantasía del tipo *"¡Tenemos recursos naturales prácticamente ilimitados, y consumidores potenciales por doquier!"*, además de la otra fantasía del tipo *"Nosotros somos simples humanos y no podemos influir ni en el clima, ni en el planeta, ni en la sociedad completa."*.

De esta manera se ha dedicado a producir y vender, luego a producir y vender más, y luego... ¿qué crees?

¡Pues a producir y vender más!

¡Privaticemos todo y acumulemos toda la riqueza posible!

¡Todo puede ser nuestro! ¡Es nuestro derecho!

Total, ¿qué es lo peor que pudiera pasar? ¡No pasa nada!

Bien, y ahora,

¿Qué ha ocasionado el neoliberalismo?

Aunque existen muchas más consecuencias, que son tanto negativas como algunas positivas, nos enfocaremos en algunas de las de mayor impacto para la humanidad:

- **Crisis climática y de los ecosistemas**, provocadas por sobreexplotar recursos naturales y la emisión imparable de gases de efecto invernadero. El Reporte 2019 del IPCC señala que habrá un incremento muy probable de la temperatura global de 1.5 °C entre 2030 y 2052. El inicio del crecimiento constante de la temperatura media del planeta coincide con las décadas de 1970 y 1980, justo cuando tomó fuerza el neoliberalismo.

- **Incremento de la desigualdad entre la población**. Credit Suisse en 2018 indicó que un 1% de la población posee el 50% del total de la riqueza del planeta, y sigue creciendo. Oxfam muestra que 26 personas en 2018 poseían la misma riqueza que 3,800 millones de las personas más pobres (el 50% de la población mundial).

- Esto en conjunto con otros fenómenos sigue generando **estallidos sociales** en distintos países, cambios de regímenes políticos, crisis financieras nacionales y globales, guerras comerciales, desaceleraciones económicas, sobreendeudamiento, enfermedades por estrés relacionadas además con el estilo de vida insano propio del neoliberalismo, incertidumbre generalizada y muy poco entendimiento sobre ¡qué carajos está pasando en el mundo!

En teoría, el **neoliberalismo combinado con democracia** permite que cualquier persona, o sea cualquier persona pueda alcanzar por sus propios méritos un mejor nivel de vida que el alcanzado por sus padres. A esto se le llama **movilidad social**: pasar de ser parte de una generación de obreros a una de profesionistas con estudios universitarios, luego a ser un pequeño empresario, luego a un gran empresario, y finalmente un capitalista. Ese es el sueño neoliberal. En mi caso personal, a mí me tocó creer en estas fantasías durante un tiempo, ya que yo había pasado de ser un joven estudiante más, originario de un pueblo, a ser un empresario con alcance y reconocimiento nacional, que tuvo la oportunidad de contratar a otros talentos y líderes con reconocimiento estatal y nacional.

No obstante, me di cuenta de una realidad bastante incómoda: yo representaba un porcentaje ínfimo de la inmensa cantidad de quienes lo intentan, y que por diversas razones se quedan en el camino. Me pregunté, investigué y validé que no solamente se trata de contar con gran actitud, determinación y un conjunto de competencias.

Piensa por ejemplo que a un Elon Musk (Creador de PayPal, Tesla, SpaceX, NeuraLink, entre otros) le hubiera tocado nacer en una familia de escasos recursos, originaria de un pueblito ubicado en la sierra de Guerrero en México. ¿Consideras que hubiera alcanzado los mismos logros?, ¿o serían muy diferentes?

Ya distintos estudios han demostrado que la movilidad social es más un mito que una realidad, y vamos a explicarlo de la siguiente manera:

La libre competencia, que es fundamental para el neoliberalismo, establece que cualquiera puede competir. Es como tener un ring de lucha libre, donde a todos se les da la oportunidad de subir a probar suerte. Si te preparas, si entrenas, si eres disciplinado, y si tienes las competencias suficientes, ¡ganarás! ¡las oportunidades están para todos! Eso es lo que este modelo afirma.

El réferi, en un sistema democrático tradicional sería gobierno o sus instituciones gubernamentales, quienes no solamente toman el rol de árbitro, sino que se encargan de que el ring se encuentre en buenas condiciones para los competidores y establecen algunas regulaciones para que la competencia sea justa.

Bueno, el neoliberalismo considera justo que cualquiera participe en la competencia, independientemente de alguien de escasos recursos o rodeado de circunstancias no favorables no cuente con los medios para entrenar adecuadamente, ni para enfocarse mentalmente, porque sus preocupaciones cotidianas son conseguir dinero para apenas sobrevivir.

Si además de eso, el ring de la competencia le queda muy lejos, tiene que ver cómo arreglárselas para poder ir a participar. Supongamos que logra llegar, pero se encuentra con un equipo o varios equipos de contrincantes bien uniformados, bien entrenados física y emocionalmente, bien alimentados, experimentados y preparados para ganar, porque pertenecen a organizaciones que han logrado acumular gran riqueza gracias a los distintos campeonatos que han ganado en años anteriores.

Adicionalmente, el neoliberalismo busca modificar el rol del réferi, ya que desean la menor intervención y regulación del estado (gobierno). Busca que el réferi sea pagado por los mismos capitalistas, que ellos mismos se encarguen de construir el ring y mantenerlo a su modo. En el caso más ambicioso, el neoliberal preferiría que no hubiera réferi, y que los mismos competidores demuestren quién gana, gracias a su astucia y los medios con los que cuenten. Eso es lo que consideran como libre competencia.

Claro que ha habido historias de quienes a pesar de estas condiciones han logrado sobresalir como nuevos competidores, pero ¿cuántos son, en un planeta con 8 mil millones de personas? **¿Cuántos están**

destinados a quedarse en el camino sin importar el esfuerzo que realicen?

Ahora, con la competitividad y la globalización hay otra trampa que a su vez ha sido increíblemente útil para un grupo bastante reducido. Imaginemos que Juan es un joven emprendedor que inicia vendiendo ciertos productos y servicios en su pueblo originario. Comienza bien, y vende 2,000 (del tipo de unidades que gustes, ya que lo importante a analizar es el crecimiento), luego sabe ajustar sus estrategias, contrata personas competentes y ahora vende 3,000. Sigue mejorando y ahora vende 4,000. Decide poner otra sucursal en la ciudad, y ahora vende otros 5,000. Ya tiene una sucursal que vende 4,000 y otra que vende 5,000. Hace gran labor de relaciones públicas, de marketing y comercial. De pronto se acercan más y más posibles clientes a solicitar sus productos y servicios. Ahora ya una sucursal vende 8,000 y otra 10,000 (el doble). Decide ampliar mercado, ahora se expande a toda una región de su país, y ahora ya no vende 18,000 en total, sino 40,000, luego 70,000, luego 150,000. Pero Juan es muy inteligente y visionario, decide expandirse a otros países. Nadie hace las cosas como Juan. Ahora vende 300,000, luego UN millón, luego 3, ¡luego 10 millones!...

Pedro es otro Joven emprendedor que quiere hacer algo similar a lo que hace Juan, pero apenas va comenzando y no tiene ni gran capital ni experiencia ni contactos. Sus productos y servicios sin embargo son muy buenos, y comienza a generar clientes. Pedro comienza a crecer, y ello hace que el equipo estratega de Juan lo note. Juan decide entonces comprar la empresa de Pedro. Ahora Pedro trabaja para Juan, y la riqueza de Juan se multiplica. Juan hace esto varias veces, hasta que su fortuna vale miles de millones de dólares. Ahora todos los nuevos competidores trabajan para Juan. Gracias a esto, **Juan se convierte en el** gran caso de éxito de superación y emprendimiento global, uno que sirve como ejemplo de aquello a lo que todos podemos aspirar, si solamente tenemos determinación absoluta en hacer nuestros sueños realidad.

Pero ¿es cierto que es algo a lo que todos podemos aspirar?

En lenguaje de sistemas, el neoliberalismo produce de manera especialmente acentuada los **ciclos de realimentación positiva**, que básicamente significan que más éxito y más dinero llevan a más y más éxito y dinero, de manera exponencial, gracias a mayor cobertura geográfica o aprovechamiento de tecnología. Sin embargo, su sistema de competencia está basado en que para que uno gane, otros tienen que perder. Piensa en tu marca favorita de audífonos, ahora piensa en otra, en una más. ¿Puedes recordar 10 marcas de audífonos? (o de lo que sea). Si somos 8 mil millones de personas, ¿no debería haber muchas más opciones? En lenguaje de sistemas a esto se le llama **"el ganador toma todo"**. El neoliberalismo es un sistema diseñado para que existan unos muy pocos ganadores de todo, mientras que los demás son solamente competidores menores, locales, sin gran importancia representativa. Detrás de ambos, la gran mayoría de la población dedican su vida a trabajar para ellos y seguir consumiendo lo que hacen los productores.

Obviamente, si perteneces al grupo beneficiado, debes estar más que contento y satisfecho con el neoliberalismo. Desafortunadamente, la inmensa desigualdad ha ocasionado que surjan distintas protestas y movimientos sociales, ambientales, laborales, de derechos de los pueblos indígenas, entre otros, en todo el mundo.

¿Y todo esto qué significa?

Que siendo ya sea consumidores, productores o capitalistas, aceptamos con una convicción prácticamente religiosa que:

1. **Somos esclavos económicos** que viven para cumplir con un horario laboral a cambio de un dinero con el que apenas podemos sobrevivir, con la esperanza de poder comprar un poco más que antes, pagar por unas vacaciones para "descansar" de un pesado año de trabajo, o bien comprar algunos placeres materiales considerados como "bien merecidos", o "por lo que trabajamos". Hay personas quienes con total convicción se toman fotos mientras pasan las esperadas vacaciones en la playa, hospedados en algún lugar que pagaron a mensualidades con tarjeta de crédito, estando muy sonrientes para compartirlas en sus redes sociales con una leyenda del tipo: *"Por esto trabajo, aquí disfrutando de la vida.".* En verdad creen que para eso trabajan y que para eso viven.

2. **Podemos acumular cuanta riqueza podamos,** cuando finalmente a lo más que podemos aspirar es a convertirnos en **los más ricos y poderosos del cementerio**; es decir, que podemos tener tanto dinero que no nos alcance para acabárnoslo en vida, dinero que no sirve para curar las enfermedades más complejas, amor, respeto, honor, compañía, ni mucho menos para evitar la muerte. La ciencia y tecnología más avanzadas no dan indicios reales de que podamos vencer a la muerte ni de que podremos mejorar lo que el azar genético reproductivo ha logrado por sí mismo. Steve Jobs murió, Jeff Bezos (de Amazon) y Bill Gates (Microsoft) morirán, y varios capitalistas ya han muerto con esta pandemia de COVID-19. Esto quiere decir que, manteniendo la expectativa promedio de vida que tenemos de entre 75 y 85 años dependiendo del país, tú que estás leyendo esto también morirás, sin poder llevarte nada. **No importa**

quién seas o cuáles sean tus posesiones materiales. De cualquier manera, morirás.

El nivel de religiosidad que ha generado el neoliberalismo es tal que, aunque usted no lo crea, hay consumidores cuyas oportunidades y capacidades personales no permiten validar que un día pasarán a ser productores ni mucho menos capitalistas, pero que defienden a ultranza el capitalismo neoliberal. Viven endeudados, apenas tienen tiempo libre, aun teniendo un nivel alto de preparación académica y experiencia profesional ganan solamente lo necesario para vivir decentemente, pero creen que podrían estar peor, que podrían estar en verdad mal... "como en el socialismo o en el comunismo", dicen ellos. De ese tamaño es el nivel de manipulación que ya sucede en la actualidad.

¿Pero cómo pasó esto? ¿Cómo hemos podido creer en tales fantasías y llegar hasta este punto?

El HBI no hace las cosas pensando que se afectará negativamente a sí mismo. Es inconsciente, pero tampoco tanto. Aunque no lo parezca, tiene sus límites. Recordemos que históricamente y por el comportamiento de sistemas complejos, una cosa va llevando a la otra, hasta que se hacen más y más complejas, con bastantes consecuencias inesperadas.

Según los registros históricos, el neoliberalismo surgió gracias al deseo de evitar nuevos fracasos económicos tras la Gran Depresión y el hundimiento económico vivido en los primeros años de la década de 1930, fracasos atribuidos en su mayoría al liberalismo clásico. Surgió cuando hubo una época de verdaderos tiranos, comunistas, socialistas y fascistas cuyos regímenes terminaron derrumbándose, cuando hubo incluso guerras mundiales y crisis tanto económicas como sociales profundas. En aquel entonces se buscó algo que pudiera ser una mejor respuesta para la sociedad. Así es como surgió el neoliberalismo.

Es cierto que ha generado bastantes consecuencias inesperadas tanto positivas como negativas, pero no podemos afirmar que haya sido diseñado de manera conscientemente malévola. Líderes globales como Hans Rosling (Q.D.E.P.), Steven Pinker y Peter Diamandis han hecho obras extensas sobre la inmensa cantidad de avances en distintas áreas que ha logrado la humanidad en las últimas décadas. Elon Musk nos hace soñar nuevamente con la exploración espacial. Jeff Bezos está haciendo obsoletos los centros comerciales. Estamos a unos cuantos años de lograr tener automóviles autónomos, las energías renovables siguen ganando terreno, la medicina continúa avanzando, entre muchas otras buenas noticias que surgen cada día.

Un problema que tiene la sociedad HBI es que para todos sus males siempre tiende a buscar tanto un villano como un demonio. De igual manera, si desea mejorar siempre está en búsqueda de un héroe y de alguna deidad o nueva fantasía que lo haga aspirar a tener una mejor vida.

Para un sistema capitalista, el villano es el líder socialista, mientras que el demonio son el socialismo y el comunismo. Si la sociedad de este sistema se muestra oprimida e insatisfecha, el villano es el capitalista, y el demonio el neoliberalismo.

Para un sistema socialista, el villano es el líder capitalista y el demonio es el capitalismo. Si la sociedad de este sistema se muestra oprimida e insatisfecha, el villano es el líder socialista, y el demonio el socialismo, o el comunismo.

En esta era en la que estamos viviendo hemos desarrollado un nivel de complejidad tal que ya no podemos hablar de capitalismo, socialismo, comunismo, fascismo, progresismo, etc., **¡cuando no hemos comprendido todavía ni lo esencial ni las bases para garantizar nuestra supervivencia como especie!** En un capítulo siguiente trataremos con mayor profundidad ese atributo de los sistemas que nos indica que son multidimensionales, que las cosas no son todo-blanco o todo-negro. Mientras sigamos buscando respuestas absolutas, totalitarias, sesgadas por fanatismos ideológicos que limitan nuestro razonamiento a observar la realidad solamente desde una perspectiva, no dejaremos de ser HBIs.

¿Es entonces el capitalismo neoliberal el responsable de todos los males?

El HBI tiene otro patrón de comportamiento: sin importar lo buena que sea la receta que le des para implementar, termina arruinándola para el mediano y largo plazo. Ponle cualquier estilo de liderazgo, cualquier metodología, marco de referencia o receta detallada a un HBI, y te aseguro que algo saldrá de mal a muy mal. ¿Por qué? Pues porque antepone su individualismo extremo, visión de cortísimo plazo, ambición desmedida y demás características que hemos visto anteriormente. Ahora, aunque a un ser consciente no le des una fórmula exacta, pero es alguien que se cuestiona lo importante, que tiene sentido común, que es capaz de observar la realidad desde distintas perspectivas, seguramente le irá mucho mejor que al HBI.

Existen otras consecuencias inesperadas que ha generado la combinación de esta forma de aplicar el neoliberalismo en esta era posmoderna con las tecnologías de información, el acceso a la información, la redefinición de estructuras sociales y algunos otros fenómenos, que revisaremos con detalle en siguientes capítulos.

El interés ahora es invitarte a ti y a toda la humanidad a hacer una pausa para:

1. Analizar las consecuencias de nuestras acciones individuales, como especie, y visualizar los posibles escenarios a futuro.
2. Atrevernos a cuestionar con total objetividad nuestras fantasías más arraigadas sobre el dinero, los sistemas socioeconómicos y políticos.

Y especialmente,

3. Priorizar acciones enfocadas en garantizar la supervivencia de nuestra especie, mejorar la calidad de vida de la sociedad en su conjunto (física, mental, emocional, servicios básicos y acceso a oportunidades), y el equilibrio con los ecosistemas de nuestro planeta.

03 - La era de la posverdad y la economía de "Likes"

"La verdad no importa tanto. Lo importante es que parezca ser verdad."

"Si nos genera más ingresos, fama, seguidores, o si nos ayuda con nuestras metas, ¡qué importa si es verdad o no!"

Sigamos integrando a nuestra conversación más elementos de esta sociedad global increíblemente compleja en que vivimos. Acompáñame a conocer esta interesante historia:

En algún momento, cuando Internet todavía no estaba al alcance de la población, los medios de comunicación de aquel entonces, como los periódicos, las revistas, el radio y la televisión competían por ganar una mayor audiencia: ¿quién tiene la mejor noticia?, ¿el mejor reportaje? ¿quién publica primero?, ¿quién gana los mayores contratos de publicidad?, etc.

Algunos HBIs que eran parte de estos medios comenzaron a caer en las tentaciones de la fama y en la ambición económica. Se dieron cuenta que ya habían logrado buen posicionamiento y que, si decían algo, sus audiencias les creerían porque finalmente, ¡son ellos quienes saben la verdad! ¡son ellos los encargados de informarnos con la verdad!

Algunos comenzaron a distorsionar la verdad, un poco, con tal de ganar mayores contratos publicitarios y audiencia.

¡Funciona! Se mostraron gratamente sorprendidos.

Un pensamiento bastante HBI, sin previo conocimiento de sistemas complejos es el creer que, *si una acción te genera cierto resultado, más de esas acciones te generarán más de esos mismos resultados (puras cosas buenas, sin consecuencias negativas o inesperadas).* Entonces, ¿adivina qué hicieron ellos y sus competidores?, ¿adivina qué proponían las corporaciones a los medios de comunicación y viceversa, para que la población consumiera sus productos?, ¿adivina qué proponían los partidos políticos que deseaban que se votara por sus candidatos, y los gobiernos que deseaban que se percibiera que todo estaba bien, o que no deseaban que algún evento tuviera relevancia o que de plano se olvidara rápido?

Efectivamente, el HBI decía: *"¡Hagamos más y más de esto!, ¡derrotemos a nuestros competidores!, ¡saquémoslos del mercado!"* (porque eso ha sido además una de las máximas del neoliberalismo).

Ahora, adivina, ¿qué hicieron los competidores? ¿Se habrán quedado con los brazos cruzados, aceptando que iban a quedar fuera del mercado?

Efectivamente: ¡Claro que no! Hicieron lo mismo, y en algunos casos, respondieron mucho peor. *"Me la haces, te la regreso"; "Ahora te vengas tú, ahora sigo yo, a ver quién queda vivo".* Así piensa el HBI.

Aunque desde antes de Internet y las Redes Sociales ya había ciertos canales de radio e incluso de televisión independientes que surgían con el propósito de contrarrestar la propaganda de gobiernos y corporaciones, algo particularmente interesante sucedió cuando éstas hicieron su aparición en grande:

Se tenían los principales medios de comunicación centralizados, que se iban fragmentando por distintos escándalos que ponían en duda su ética y profesionalismo. Por ende, sus audiencias desconfiaban cada vez más de la información que les presentaban y buscaban alternativas. Había más propaganda, y a la vez las audiencias desconfiaban más. Al mentiroso tarde o temprano se le identifica. Afortunadamente, al honesto también.

El tiempo avanzó amplificando estas situaciones, hasta que surgió un escenario como el siguiente. Intenta visualizarlo, para que experimentes tal evento en primera persona: si llega un momento en el que ya se cuenta con bastante experiencia en ciencia cognitiva, que es la que estudia cómo se maneja la percepción y las creencias de la población; si ahora se tienen a la mano herramientas como Internet, YouTube, Redes Sociales y otras, que permiten a cualquier usuario crear y difundir su propio contenido; si tienes un sistema neoliberal que busca acumular riqueza material a cualquier costo...

¿Qué crees que es lo que pudiera pasar?

¿La "democratización de la información" sería la respuesta?

Con Internet y distintas redes sociales, cada creador de información, ya fuera un medio de comunicación tradicional, youtuber o influencer se dieron cuenta que entre más seguidores y atención tenían en sus redes sociales, podían incluso monetizar su fama, es decir, ganar dinero por cantidad de seguidores, minutos de reproducción de sus videos, actividad en sus canales, etc. (cada vez más hay nuevos modelos de negocio digitales). Se dieron cuenta que también podían aplicar esas técnicas de tergiversar información para ganar atención. Se dieron cuenta que incluso haciendo enojar a un segmento de la población se acercaban más al perfil opuesto, y gracias a cierto interesantísimo fenómeno psicológico, conseguían que la gente hablara más de ellos. Se dieron cuenta que esto les generaba más seguidores, más fama, y más ingresos.

Las corporaciones tecnológicas se dieron cuenta que sus plataformas valían más si eran utilizadas por más y más usuarios. ¿Qué convendría hacer entonces, si la verdad y el conocimiento no eran lo que más llamaba la atención, sino aquello que **entretenía y activaba reacciones emocionales** de más y más usuarios?

Surgió la economía de "Likes".

Antes los jóvenes deseaban convertirse en ingenieros, médicos, científicos, astronautas, policías, etc. Ahora principalmente en EE. UU. y en distintos países de occidente, los jóvenes aspiran más bien a ser influencers, youtubers, twitstars, tiktokeros... Además, para eso no se requiere estudiar ni saber mucho. ¡Se requiere saber entretener a tus seguidores!, y están dispuestos a hacer cualquier cosa para lograrlo. Cualquier cosa. Saben que el espectáculo atrae más que la verdad. Las corporaciones tecnológicas también lo saben. Ellos ganan más por mantener la atención el mayor tiempo posible de una mayor cantidad de seguidores; no por comunicar la verdad, no por transmitir conocimiento.

Sigamos con esta interesante historia.

Los motores de búsqueda y algoritmos de redes sociales van aprendiendo más sobre sus usuarios. Las corporaciones validan que sus motores de búsqueda pueden personalizar sus resultados, acorde al perfil del usuario y su ubicación. Se ajustan sus rankings para mostrar resultados personalizados. Lo mismo sucede con el flujo de información de las redes sociales, que muestran la información que el algoritmo cree que es la que más interesa al usuario.

La ciencia cognitiva sigue avanzando. Se dan cuenta que con todas estas herramientas, experiencia y red de comunicadores de distintos tipos pueden hacer ver algo como verdad, aunque esté totalmente alejado de ella. **Se dan cuenta que pueden fabricar verdades, y que lo importante es mantener la atención de la mayor cantidad de usuarios, el mayor tiempo posible.**

Para finalizar esta historia, integremos todo lo anterior: tienes medios de comunicación tradicionales perdiendo credibilidad y fragmentados, una ciencia cognitiva y estrategias de manipulación avanzadas, redes sociales y otros medios basados en Internet para que cualquier persona con carisma pueda crear sus propios contenidos y captar la atención de miles o millones de usuarios, algoritmos de redes sociales que determinan qué es lo que aparece en tu flujo de información, rankings de motores de búsqueda que se ajustan según tu comportamiento histórico, una población sedienta de "alguien" a quién creerle, y creadores de contenido que están dispuestos a hacer cualquier cosa por ganar la atención de la mayor cantidad de usuarios...

¿Acaso podría ocurrir algo malo con este escenario?

Una cosa va llevando a la otra, "inocentemente", y cuando menos se dan cuenta, de manera totalmente inesperada, algo truena. Voltean a buscar culpables hacia todas direcciones. Los primeros candidatos siempre son sus opositores o enemigos (los que piensan diferente o hacen cosas diferentes). Así es el mundo del HBI.

Bienvenidos a la era de la posverdad y la economía de "Likes"

Se define como **Posverdad** a la distorsión deliberada de la realidad (o verdad), con el conocimiento basado en ciencia cognitiva que para una mayoría de la población los hechos objetivos (factuales, históricos, científicos) son menos importantes que sus emociones y creencias personales. Se utiliza para influir en las actitudes, opiniones y decisiones de la población o consumidores, sin importar si se les confunde con mentiras.

En política es especialmente utilizada, aunque en general cuando se combina con el neoliberalismo puede ser utilizada para cualquier actividad comercial y mercadológica.

Como ejemplo, imaginemos la siguiente conversación entre José y Mario, quienes son dos ciudadanos mexicanos. Estando muy preocupados por el rumbo político del país, le dice José a Mario en 2006: "¡No votes por López Obrador, porque ese tipo nefasto es un Peligro para México! ¡Es un falso mesías! ¡Es un socialista, un comunista y autoritario que nos quiere convertir en Venezuela! ¡Quiere que todos seamos pobres!"

A lo que Mario respondía: "Oye, pero ha gobernado a la Ciudad de México, que es el principal centro político, económico, social, académico, financiero, empresarial, turístico, cultural, de comunicaciones, de entretenimiento y de moda del país. Ha hecho proyectos conjuntos con Carlos Slim, que es el hombre más acaudalado de México (entre otros). Además, su gestión alcanzó más del 80% de aprobación de la población. Con sus acciones y hechos no se demuestra eso que dices."

Finaliza José: "¡Hombre, pero no sabes!, ¡me han mandado unos videos con unas declaraciones que ni te imaginas! ¿Las has visto? Es un tipo iracundo, un necio, un ignorante, ¡es un Peligro para México pues! ¿Por qué no lo quieres ver? ¿A poco tú también eres socialista? ¿Esperas convertirte en un mantenido del gobierno? ¡Ja, ja, ja!"

Esa ha sido una conversación real entre muchos José's y muchos Mario's desde aquel entonces. Para las elecciones de 2006 se diseñó una campaña política que tuvo gran éxito. Por lo mismo se repitió en 2012. En 2018 se intentó volver a hacer, pero ya no funcionó. Antonio Sola, quien fue el estratega político y arquitecto de la campaña "López Obrador, Peligro para México" de 2006, declaró abiertamente durante el periodo electoral en 2018, que "López Obrador ya no era un peligro para México", y señaló las fallas de quien intentó repetir la campaña ese año.

En el presente, se ha quedado muy grabado ese mensaje, tal que mantiene polarizada a la población con respecto a la política mexicana.

Recuerda, a ti te corresponde validar las fuentes de información. Atrévete a cuestionar tus creencias más profundas, por más emocionales que sean. Si no deseas hacerlo, es tu decisión. Puedes también seguir peleándote con contactos y extraños en redes sociales, defendiendo a ultranza tus creencias y fanatismos. **Podrías hacer un pequeño experimento**: valida si encuentras una sola persona que haya votado por López Obrador, o que sea su simpatizante, que exprese su interés en que seamos un país socialista o comunista. Si acaso no encuentras uno solo, pregúntate: ¿quiénes son entonces los que hablan de un aparente "socialismo" o "comunismo"?, y ¿cómo llegó ese mensaje a sus mentes?

La posverdad se basa en aprovechar emociones como el **miedo** y la **ira,** para dirigir la opinión y decisiones de la población hacia donde se desea.

Vivimos en una era donde independientemente de la realidad y de la verdad, se nos están vendiendo fantasías por las que estamos dispuestos a pagar cantidades exorbitantes.

¿Recuerdas aquel gadget tecnológico o accesorio de moda que te costó más de un mes de sueldo, pero que pasando muy pocos meses apenas si lo puedes vender a la mitad de lo que te costó, y que si acaso lo quisieras empeñar te lo toman a una cuarta o quinta parte (si acaso aceptan tomarlo para empeño)?

¿Qué tal pagar varios miles por un boleto para un concierto, un espectáculo, o un parque de diversiones, mientras dudas de gastarlo en algo que sirve directamente para mejorar tu salud integral?

¿Qué tal creer que una Mac es lo mejor del mundo, que es fundamental para la calidad del trabajo que se realiza y estar dispuesto a pagar lo que sea?: ¿Cuál es la reacción que provoca el ver que alguien con una PC más económica demuestra que realiza una tarea mejor y más rápido que alguien con una Mac? *¿Que las Macs solamente son para quienes pueden pagarlas, que no son para gente pobre?* ¿Has escuchado esta respuesta?

Y así podemos encontrar bastantes ejemplos…

¿Recuerdas alguno que hayas visto en otras personas?

¿Qué tal alguno que te haya pasado a ti? ¡Ah verdad!

Bien, ¿y qué podemos hacer al respecto?

Primeramente, ser conscientes de que vivimos en la era de la posverdad y la economía de Likes; que suceden y seguirán ocurriendo, a menos que hagamos algo al respecto. El HBI no se rinde, y como le es más fácil vender humo con apariencia de valor, que hacer cosas que aporten valor real, lo seguirá haciendo. Una y otra vez. Por distintos medios. No se cansará. Es lo que sabe hacer: difundir, vender y negociar humo, sin importar las consecuencias.

Si todavía eres estudiante, por favor pon mucha atención en tus estudios. Particularmente cuando se trata de las materias relacionadas con física, matemáticas, biología, historia, y español (saber tu idioma). Quienes más se aprovechan de la posverdad y la economía de Likes (incluyendo a conspiracionistas) son quienes conocen la poca preparación en estos temas esenciales. En general, analiza de manera crítica antes de emitir juicios, valida fuentes de información y atrévete a conocer la contraparte, especialmente cuando se trate de opositores políticos y marcas.

Analiza también cómo estos dos conceptos pueden estar generando de manera inconsciente sesgos y prejuicios:

Cámara de eco. Es un espacio físico o virtual donde información, ideas y creencias similares son amplificadas por transmisión y repetición en un sistema cerrado. Las visiones diferentes o competidoras son censuradas, prohibidas, o están minoritariamente representadas.

Es decir, es tu mundo virtual y físico donde convives con información y personas afines, quienes siempre hablan de lo mismo, tienen posturas similares y eso hace que se refuercen tus creencias e ideologías. Son esos grupitos de whatsapp, Facebook u otra red social, donde solamente hay fans u opositores de alguien o algo, donde todos los días comparten información que contribuye a seguir creyendo lo mismo, pero de manera más arraigada. Es ese grupito de amigos quienes siempre están hablando "pro-alguien o algo" o "contra-alguien o algo".

¡Desconéctate periódicamente de tus cámaras de eco!

Filtros Burbuja. Es un ecosistema personal o marco ideológico de información que es provisto por algoritmos. Es el universo propio, personal y único de información que cada uno vive en Internet.

Es decir, es tu feed (muro, página principal) personalizado de información. Cada red social, buscador de Internet y asistente digital hace predicciones de lo que al usuario le gustaría ver, basándose en su comportamiento histórico y ubicación.

¿Te has dado cuenta cómo YouTube te muestra sugerencias en la página principal cuando accedes? ¿Te das cuenta cómo Facebook te muestra cierta información de noticias, que es diferente a las de otro usuario, aunque el mismo día ocurran esas mismas noticias? ¿Notas cómo un asistente digital, cuando comienzas a escribir o preguntar algo, ya sea que adivina la pregunta completa o muestra resultados basados en tu comportamiento como usuario?

Todo esto sucede porque así vas entrenando a cada uno de los algoritmos de estas redes sociales y plataformas. Hay momentos en los que es muy útil. Por ejemplo, cuando te gusta cierto tipo de videos musicales en YouTube, y en automático te hace recomendaciones de videos musicales desconocidos para ti, que de otra manera hubiera sido muy difícil saber de ellos; también cuando te genera listas personalizadas automatizadas.

No es así cuando se trata de temas, tipos y fuentes de noticias. Por ejemplo, si tu perfil tiende claramente hacia una ideología política, verás principalmente contenido afín a esa ideología, y darás "like" o "me encanta" a ese tipo de contenidos. Por el contrario, pondrás "me molesta" o algunos "me divierte" a los contenidos de las ideologías opuestas. Tendrás este tipo de reacciones, independientemente que se trate de información verídica, tergiversada, o propaganda política. Si es así tu comportamiento, llegará el momento donde tu flujo de información será solamente orientado a estos tipos de contenido. No te enterarás de nada que sea distinto a lo que muestras afinidad ideológica.

Ya se han realizado estudios que demuestran que personas con creencias políticas polarizadas (pro-algo o contra-algo) y mixtas (balanceadas) tienen flujos de información en sus redes sociales y buscadores muy distintos entre unos y otros.

¡Atrévete a investigar sobre puntos de vista opuestos!

Entrena a esos algoritmos que utilizas para que se conviertan en fuentes de calidad de información, tanto de una corriente de pensamiento como de la opuesta. Entrénalos para que te muestren conocimiento científico y no chismes de influencers, youtubers o conspiranoicos. ¿Cómo? Pues dedicando mucho más tiempo al conocimiento generado por la comunidad científica, reaccionando a sus publicaciones, comentándolas y compartiéndolas. Tienes que hacerle notar a los algoritmos que esa información te interesa.

¿Cómo saber si vale la pena seguir a alguien en redes sociales?

Busca su perfil curricular. El prestigio se gana y también se publica abiertamente: reconocimientos y premios obtenidos, publicaciones, participación en eventos importantes, proyectos realizados con gran alcance, menciones de otras personalidades.

El otro día un contacto me pidió una opinión sobre un video que a él se le hizo interesante. Lo primero que hice fue buscar al autor, quien resultó ser un conspiranoico profesional (alguien que gana dinero por difundir conspiraciones), quien fue un jugador de fútbol soccer profesional, pero sin sobresalir, luego un comentarista deportivo, y llegó un momento en que dice haber recibido un "llamado celestial" que le decía que debía difundir cierto mensaje para el resto de la humanidad. No cuenta con grados académicos, ni bases científicas...

Ya te imaginarás mi opinión.

Ayudemos a difundir la labor de la comunidad científica e ingenieril de alta especialización. Imagina, hace algunos años estaban solamente enfocados en realizar importantes descubrimientos; en crear ciencia y tecnología que nos inspiraban. Ahora, gracias a la era de la posverdad y la economía de Likes tienen que estar explicando una y otra vez que la Tierra **no** es plana, que las vacunas **sí** sirven, que la actividad humana **sí** es responsable del cambio climático acelerado, entre otros.

Practica, practica y practica el encontrar la verdad.

Prepárate, estudia y fortalece tus conocimientos en ciencias básicas, historia y español (lenguaje).

Finalmente,

¿Vas a seguir haciendo populares a quienes solamente entretienen, confunden y distorsionan la realidad? ¿O ayudarás a difundir el trabajo de quienes aportan valor y conocimiento basados en la realidad?

04 - Ni es blanco ni es negro. Entre ambos existe una infinidad de colores.

- "Esperaré a encontrar la persona perfecta para casarme."

- "Tal vez no sea buena idea juntarme con esta gente, porque creen en dios y yo soy ateo."

- "Para asuntos a nivel sociedad, necesitamos trabajar en la colectividad e individualidad de manera separada, porque son cosas distintas, opuestas."

- "Así es la vida, para que unos ganen otros tienen que perder."

- "No se puede tener todo en la vida, o eliges una cosa o eliges otra."

- "Para gobernar este país requerimos de secretarías o ministerios. Una de ellas se encargará del Desarrollo Económico, otra de la Salud, otra de la Educación, etc. Que cada una diseñe por separado sus objetivos, estrategias, planes y presupuestos."

- "Lo importante es estar cerca de Dios, alejados del demonio y de todas las tentaciones."

- "O se gana o se pierde, y lo importante es GANAR. No hay de otra."

- "O estás conmigo, o estás contra mí. ¡Defínete!"

¿Has escuchado, o incluso has utilizado algunos de estos ejemplos? ¿Crees que es verdad que esta realidad en que vivimos, que el universo mismo, la vida y la sociedad se conforman por dualidades (cosas opuestas, separadas) que no pueden estar conciliadas?

La **multidimensionalidad**, según lo describe Jamshid Gharajedaghi, autor y teórico del Pensamiento de Sistemas (Systems Thinking) y el Pensamiento de Diseño (Design Thinking), es uno de los principios de sistemas más potentes. **Está relacionado con la habilidad de ver relaciones complementarias donde aparentemente solamente hay tendencias en oposición.**

Se nos ha enseñado a pensar en "Esto O esto otro", en lugar de "Esto Y esto otro".

Gracias a la educación que hemos recibido, prácticamente todas las personas hemos aprendido a pensar de manera mecánica, analítica, lineal y de corto plazo. Veamos cómo ha sucedido.

Primeramente, recordemos un poco sobre los **sistemas físicos**, quienes carecen de propósito, solamente realizan una o varias funciones simples, y que obedecen a las leyes físicas de la naturaleza. Por ejemplo, los automóviles, los aviones, las computadoras, los cohetes. No tienen propósito por sí mismos. Un sistema físico se puede programar, ya que su funcionamiento es acorde a una serie de pasos estructurados: si pasa esto, hace esto otro; si después sucede cierto evento, reacciona de tal manera; si una variable supera el límite, se activa determinado mecanismo. Cada uno de esos pasos se pueden empaquetar en una función completa, por ejemplo, el ensamblaje de un automóvil. Con ello se elabora un plan de fabricación de toda una planta que produce automóviles, al ir integrando los distintos paquetes de funciones, o de trabajo, por áreas y según la secuencia de producción. Para esta planta se pueden establecer además planes de riesgo, posibles contingencias, planeaciones semestrales de producción, pronósticos para próximos meses o distintos periodos, ya que todas las variables son conocidas y se tienen bajo control, las relaciones entre cada una de ellas son conocidas y simples (causa-efecto lineal), y las leyes a las que obedecen en lo individual también, que son las leyes físicas. **Esto es un ejemplo del pensamiento mecánico, analítico, lineal, de corto plazo.**

Sin embargo, los **sistemas orgánicos o biológicos** funcionan diferente. Principalmente, tienen propósito y según ese propósito toman decisiones. Sus partes se integran entre sí de una manera compleja que no es compatible con las leyes físicas. No se puede simplemente tomar un corazón de un ser vivo y ponerlo en otro, y es más complicado planear, controlar y pronosticar el comportamiento de un sistema orgánico que el de uno físico. Un ser vivo puede tanto enfermar como sanar por causas incomprendidas desde una perspectiva de sistemas físicos.

Un **sistema social** es otro tema completamente distinto. Cada elemento (persona) tiene distintos propósitos, creencias, decisiones, emociones, y necesidades biológicas. Aquí las leyes físicas y biológicas no nos ayudan a comprender su comportamiento. Puedes preguntarle al mejor físico que conozcas, o al mejor biólogo que conozcas, si preferirían trabajar en resolver un problema físico/biológico (según su especialización), o en uno de índole social (de un sistema social). La gran mayoría no elegirían el social, porque es mucho más complejo y no tienen control sobre cada una de las partes (las personas que lo conforman).

El mundo donde vivimos es una combinación de múltiples sistemas sociales (países y culturas) que son parte a su vez de un sistema orgánico mega complejo (biodiversidad y ecosistemas del planeta), que a su vez es parte de un sistema mayor, el universo (sistema solar, galaxia, Universo).

Ok, todo esto suena bastante complejo...

Ahora sigue la parte que más nos interesa para este capítulo: ¿Qué tipo de pensamiento es aquel con el que fuimos educados, aquel que es la base para comprender el mundo que nos rodea, aquel con el que percibimos, modelamos e intentamos darle significado a los distintos fenómenos que observamos en el mundo?

Así es... ¡Lo adivinaste!

Se ha creído que se puede comprender la enorme complejidad del universo, de la naturaleza y de la sociedad con un pensamiento mecánico, analítico, lineal y de corto plazo.

Solamente a un HBI se le puede ocurrir algo así. Pero como todo en la historia del HBI, en un inicio cree comprender algunas cosas, y sin más ni más totaliza ese entendimiento para todo lo demás, cuando ni siquiera ha validado que sea un entendimiento válido y completo para los distintos tipos de sistemas y distintos niveles de verdad. Es decir, que hace tiempo se creyó que todo funcionaba acorde a esas leyes de sistemas físicos, y fue así como se diseñaron empresas, escuelas, sistemas socioeconómicos, y el currículo de nuestra preparación académica. **Por eso nos cuesta tanto trabajo pensar diferente, porque**

nuestros paradigmas (creencias fundamentales) más arraigados han sido programados con este tipo de pensamiento.

En la naturaleza hay equilibrio. No hay desperdicios, no hay ganadores ni perdedores, solamente seres vivos coexistiendo y evolucionando. Cada ser realiza una o varias funciones que sirven para otro ser vivo del ecosistema. Por ejemplo, una abeja nace gracias al proceso reproductivo de su especie, crece gracias a los nutrientes y energía que obtiene de la misma naturaleza, se alimenta de flores de las que a su vez las va polinizando conforme vuela entre una y otra para que las plantas puedan seguirse reproduciendo. Cuando muere, su cuerpecito se va desintegrando y reintegrando a la naturaleza, ya sea como alimento para otros insectos, o como nutrientes para la tierra y nuevas plantas. No hubo sobrantes ni basura, ni ganadores ni perdedores, ni desequilibrio; únicamente impresionantes procesos de intercambio de energía y transformación de materia.

Solamente a un HBI se le puede ocurrir crear un sistema socioeconómico donde para que unos ganen otros tengan que perder.

Tenemos a la vista innumerables ejemplos que nos brindan la naturaleza y el universo sobre cómo pensar en términos de sistemas, en lugar de nuestro limitado modelo de pensamiento lineal y mecánico generador de basura, pobreza y desequilibrio entre ecosistemas.

Gracias a ese inadecuado modelo de pensamiento, que ha sido además fortalecido por todas las demás fantasías que los HBIs han convertido en supuestas verdades inobjetables, hemos terminado creyendo en esas dualidades que solamente existen en nuestra imaginación, y en tal nivel de comportamientos autodestructivos.

Visualiza los siguientes casos:

1. Una roca en el espacio, un asteroide: ¿Está haciendo el bien, o está haciendo el mal? ¿Está ganando, o está perdiendo?

2. Una manada de leones: ¿Son amigos, o son enemigos? ¿Son malos porque se comen a otros animales? ¿Son buenos porque son parte del equilibrio del ecosistema?

3. La evolución y la selección natural: ¿Son el mismo demonio porque son quienes han extinguido la gran mayoría de las especies que alguna vez existieron? ¿Son algún Dios que ha permitido que nuestra especie exista y "domine"?

4. La economía y la competitividad en general: ¿En verdad uno tiene que perder para que otro gane? ¿No hay de otra?

5. Esa persona o personas que te caen mal: ¿Te caen completamente mal?, ¿todo todo lo que son y lo que hacen los convierte en enemigos? ¿Crees que encontrarás un grupo de personas con todas y cada una de las cualidades que tú buscas, sin ninguna de las que no te gustan?

6. Sobre esa persona que te gusta: ¿Si acaso hace algo que no te agrada, ya por eso pierde la perfección que creías que poseía? ¿Existirá la persona perfecta? ¿Quién es alguien perfecto?

7. Un país que quiere mejorar las condiciones de vida de su población: ¿Debería atender economía, educación, salud, seguridad, impartición de justicia, por separado? ¿Es conveniente tener dependencias que atienden estos temas de forma aislada de las demás?

8. Este libro: ¿Es de desarrollo personal, o de desarrollo económico, o de política, o de sociedad, o de sistemas?, ¿es para jóvenes, para adultos, o para adultos mayores?, ¿para hombres, o para mujeres? ¿En qué sección de una librería lo pondrías?

Ok, y bien,

¿Cómo podemos trabajar en aprender a sumar en lugar de dividir?

¿Cómo podemos aprender a ver la infinidad de colores?

Primeramente, tener siempre presente lo que hemos visto al momento:

1. **Para sistemas físicos** se utilizan las leyes de la física clásica. Si deseas construir un cohete que viaje a la luna, utilizas estas leyes. Si tienes un sistema donde todas las variables están bajo tu control y sabes cómo funcionan de manera individual, así como sus interacciones, utilizas estas leyes, las de la administración en general e incluso las de administración de proyectos (para realizar planeaciones detalladas, análisis de riesgos y contingencias). Si estás analizando el comportamiento del universo subatómico entonces utilizas la física cuántica, no la clásica.

2. **Para sistemas orgánicos o biológicos** se utilizan las leyes de la biología. El ser humano es sistema bastante complejo, donde se utiliza una combinación de leyes biológicas y las relacionadas con la consciencia (mente). Por ejemplo, el efecto placebo ha demostrado ser efectivo en ciertos padecimientos hasta en más de un 50% de pacientes de grupos experimentales. Todavía seguimos aprendiendo cómo funcionan en su totalidad los sistemas orgánicos y

ecosistemas complejos. Lo importante es que no hay que basarse solamente en leyes de sistemas físicos.

3. **Para sistemas sociales** es otra historia, una de la que todavía seguimos aprendiendo su funcionamiento. Recuerda sus propiedades: son abiertos, tienen propósito, son multidimensionales, generan propiedades emergentes, y muestran comportamiento contradictorio. **Asuntos como el éxito, la felicidad, el amor, el progreso, la continuidad misma de un sistema, no pueden ser modelados con herramientas y fórmulas de sistemas físicos ni orgánicos.**

Los ecosistemas y los sistemas sociales, como son sistemas abiertos tienden hacia el **equilibrio**. En el caso opuesto, un sistema cerrado tiende hacia el caos, o desorden. Un ser vivo sin consciencia (por ejemplo una hormiga) puede tener los propósitos de crecer, sobrevivir y reproducirse. Un ser humano puede tener distintos propósitos biológicos y otros no biológicos, pero son sistemas que tienden hacia el **equilibrio**.

Esto es fundamental, porque cada idea, decisión, proyecto, puedes ahora diseñarlo pensando en lograr primordialmente **equilibrio**. No se trata de ganar ni competir, sino de encontrar equilibrio. No se trata de sacar del mercado a tus competidores, sino de garantizar trabajo para todos. Recuerda que en las empresas u organizaciones competidoras trabajan personas, de quienes dependen económicamente sus familias. **¿Visualizas la enorme diferencia de pensamiento?**

Cuando participes en una competencia, en lugar de pensar en "ganarle a los demás", enfócate en superar tu anterior mejor desempeño. Observa a tus competidores como esos compañeros que te motivan a dar lo mejor de ti. Deja de pensar en ganar o perder, sino simplemente en seguir mejorando. La vida misma tiene una gama bastante amplia de facetas, y cada año es distinto. Cuando visualizas la vida en años y décadas, te podrás dar cuenta que un "mal año" no necesariamente fue un mal año, sino la preparación necesaria para los siguientes, porque te forjó carácter, resiliencia y un tipo de aprendizaje para ciertas áreas de tu vida que de otra manera no habrías obtenido. Cuando ves la vida en todas sus facetas, te darás cuenta de lo complicado que es describir al "éxito". Puede ser que en lo económico te vaya bien, pero no en salud, o en pareja, o en familia, o en amistades, o en prestigio, o en realizar ese hobby que tanto te gusta. **En la vida ni ganas ni pierdes, solamente estás aprendiendo, al tiempo que construyes una mejor versión de ti.**

¡Deja de ver las cosas para corto plazo y para solamente una variable!

¡Atrévete a ver el todo a la vez y para largo plazo!

¡Atrévete a reiniciar tu mente! Las cosas, los demás seres vivos, las plantas, las bacterias, los virus, y particularmente las personas, simplemente SON. Ni son buenas ni malas, ni amigas ni enemigas, ni correctas ni incorrectas, ni dioses ni demonios. Simplemente SON. Todos estamos coexistiendo en este planeta durante el poco tiempo que dura nuestra vida. Es muy de HBIs mantener y defender ideas del tipo: *"¡Así soy, y nadie me va a cambiar!"*, *"si me quieren de verdad, ¡que me aguanten así como soy!"*. Independientemente de tu edad, puedes reiniciar tu mente. Requiere mucha práctica, pero sí es posible hacerlo.

Las personas pueden presentar los perfiles más extraños, complejos y aparentemente contradictorios. No los encierres en un estereotipo. Es muy de HBIs pensar en los demás como los "chairos", "derechairos", "hippies", "radicales", "progres", "nacos", "hípsters", "que le va al América", etc. La increíble interculturalidad y globalización que vivimos permite que existan los perfiles más impensables y extravagantes. Te puedes encontrar con perfiles con combinaciones del tipo *"científicos -deportistas -de izquierda -empresarios -espirituales -realistas -positivos -hipercríticos -firmes en sus posturas -intimidantes -sensibles – etc."*. No te encierres a ti mismo en un estereotipo, ni hagas lo mismo con los demás.

Sí se puede tener todo en la vida. Tal vez será complicado por asuntos de tiempo trabajar en todo lo que quieres ser y hacer a la vez, pero puedes definir ventanas de tiempo con distintos enfoques. Recuerda que vivirás décadas, no semanas ni meses. Observa la vida como lo que es: una experiencia que durará varias décadas. Eso sí, sé cuidadoso en definir y ajustar tus prioridades acorde a esas ventanas de tiempo, según se vaya requiriendo. **Un HBI primero se acaba su salud física y mental trabajando incansablemente con tal de ganar dinero, para luego gastar ese dinero que ganó en intentar recuperar su salud física y mental.**

Puedes ser mucho más que tu título académico o actividad profesional. ¿Eres científico, pero también músico? Bueno, Brian May, guitarrista de la legendaria banda de Rock Queen es un Doctor en Astrofísica. ¿Eres ingeniero con gran expertise técnico, pero se te dan las ventas y las disfrutas? ¡Excelente! ¿Estás estudiando lo que sea que estés estudiando y no te convence al 100%? Considera que tus estudios te dan las bases de conocimiento y un modelo de pensamiento para lo que después quieras hacer a futuro. El hecho de que estés estudiando para "contador público" no quiere decir que para el resto de tu vida serás y harás eso. Entonces solamente asegúrate que obtengas muy buenas bases, unas que te permitan comprender cómo funciona el mundo y la sociedad. Cada cierto tiempo en el futuro podrás participar en talleres, diplomados, especializaciones, o bien cambiar de plano de rumbo. ¡También es válido!

Las emociones son emociones, no son ni buenas ni malas. ¿Son el miedo, el rencor y la ira el camino hacia el lado obscuro de la fuerza? (Esto lo entienden los fans de Star Wars, sorry si no te quedó claro). ¿Es malo tener tentaciones? ¿Debemos aprender a controlar nuestra mente y nuestros instintos? Imagina un automóvil que tiene integrado de fábrica un sistema turbo bastante potente, pero que a alguien se le ocurre decir que no se debe utilizar ese turbo porque fue instalado por el mismo demonio, como una tentación para validar si eres una persona buena o mala; que si caes en la tentación serás infeliz y te irás al infierno por la eternidad. Los seres humanos somos, pensamos, sentimos, nos emocionamos, nos ponemos tristes, nos excitamos, divagamos. Así es nuestra naturaleza. Así fuimos diseñados. **Aprende a ser consciente del flujo de pensamientos y emociones, para dirigirlos hacia tu propósito y objetivos. No se trata de controlarlos, mucho menos de suprimirlos.** Existen bastantes estudios que demuestran que intentar controlarlos o suprimirlos resulta perjudicial para nuestra salud mental e integral.

Ni amigos ni enemigos, solamente compañeros temporales de viaje. ¿Cuál es la probabilidad de que durante toda nuestra vida nuestros amigos vivan cerca de nosotros para que podamos convivir con ellos, que nos siga gustando hacer lo mismo, y que vayamos evolucionando a un ritmo similar? En esta vida cada uno estamos viviendo un momento muy particular, muy personal. En ese momento se tienen un conjunto de circunstancias, planes y propósitos muy específicos. Pasando un tiempo es muy probable que cambien, que algunos decidan vivir en uno u otro lugar. Es muy probable que en el futuro algunos sean partidarios de otros movimientos, otras marcas, otros líderes. Así funcionamos. Alguien que fue un competidor podría ser un aliado en el futuro. Un cliente podría convertirse en un proveedor, o en un competidor. Un oponente político podría convertirse en un compañero, o aliado. Si así funcionamos y así funciona la vida, no es conveniente encerrar a los demás ni a nosotros mismos en una imagen, en un conjunto de atributos que creemos serán eternos. Habrá momentos donde encontraremos personas que se convertirán en compañeros temporales, y otros de quienes deberemos tener cuidado, manteniendo distancia. Luego se podrían invertir los papeles. Siempre hay que estar abiertos para todas las posibilidades.

Desde la perspectiva de sistemas, una organización (empresa) es un sistema social donde cada integrante decide asociarse voluntariamente durante un tiempo con los demás, para lograr uno o varios propósitos en común, al tiempo que logran el propio, manteniendo equilibrio interno y con su entorno.

¿Observas la belleza de tales palabras? No habla de dinero, ni de productividad, ni de indicadores de desempeño, ni nada de lo que estamos acostumbrados a leer al respecto.

Finalmente,

Practica el observar cualquier situación desde todas las aristas, así como desde su contexto (entorno).

No podemos pretender comprender un sistema sin tomar en cuenta su entorno, o circunstancias que le rodean. Si sabemos además que un sistema es multidimensional, considerar esto es fundamental para la percepción que podamos ir teniendo a futuro de todo lo que nos rodea, de noticias, de iniciativas, de proyectos, etc. Cada titular de una noticia se enfoca principalmente en una perspectiva. Cada perfil de persona que comunica una idea lo hace desde la perspectiva que le interesa: un político, un empresario, un trabajador, un activista, un líder sindical, el público en general, etc., tienen visiones e intereses particulares. **¡No te dejes llevar por titulares de noticias dirigidos a exaltar tus emociones!**

Por otro lado, cuando corresponde idear y diseñar soluciones a problemas complejos, es muy de HBIs decir cosas como: *"Esto funcionó muy bien en Inglaterra (en zonas urbanas); implementémoslo entonces en varios países subdesarrollados (en zonas rurales).",* o bien *"si estos estudiantes aprenden muy bien con este método y herramientas, no entiendo por qué estos otros no.".*

Aprende a visualizar los problemas desde una perspectiva sistémica, a modelarlos como sistemas, y a diseñar soluciones sistémicas, que consideren todas las perspectivas y su entorno.

Para ello, puedes encontrar gran cantidad de literatura disponible en Internet, cursos en línea y seminarios presenciales, gratuitos y con costo, según lo que necesites.

¡Practica, practica y practica!

05 - Ok, atiendes síntomas con mucha emoción, ¡pero no resuelves problemas!

"Es que hay que arreglarlo rápido, ¡ya!, ¡como sea!", dice el HBI.

Supongamos que estás jugando baloncesto y tienes el aro justo frente a ti. Estás a dos metros de distancia. Quieres anotar una canasta y ya tienes que hacerlo porque vas un punto abajo, queda solamente un par de segundos en el reloj, dos contrincantes están a punto de alcanzarte, y ya no alcanzas a dar un pase. ¿Qué haces? ¿Lanzas el balón hacia el aro?, ¿lo lanzas para el público que está a la derecha?, ¿lo lanzas a la izquierda?, ¿lo lanzas para atrás?, ¿o tal vez lo lanzas verticalmente hacia arriba?

Parecería una respuesta muy sencilla.

Veamos otro caso: supongamos que estás jugando billar. Tienes la bola blanca justo frente a ti, y la línea imaginaria entre la bola que quieres meter y la buchaca hace un ángulo de 30% con respecto a la bola blanca. ¿Le pegarías en cualquier lugar a la bola blanca, para que tome cualquier dirección, esperando que suceda algún milagro para que a su vez le pegue a la que quieres meter a la buchaca? ¿Le pegarías con cualquier cantidad de fuerza?, o ¿tendría que ser con una fuerza específica?

Si fueran más bolas y requirieras incluso algún rebote con una de las bandas de la mesa de billar para lograr meter la bola a la buchaca,

¿sería necesario primero visualizar cómo sería el golpe y las líneas de movimiento, que incluyen dirección (ángulo), fuerza y rebote?, ¿o simplemente le pegarías a la bola donde sea y como sea, a ver qué pasa?

Estos ejemplos tienen que ver con **relaciones causa-efecto lineales, o relaciones causales.** Es fácil visualizarlas, ¿verdad?

Si quieres generar un efecto determinado, te enfocas en la causa que lo genera. En el primer ejemplo, no aventarías el balón para atrás, ni para un lado, ni para el otro, sino **hacia el aro**. En el caso del billar, no le pegarías en cualquier dirección ni con cualquier fuerza a la bola. **Se requiere modelar muy bien la secuencia de movimientos, es decir, las relaciones causales que harán que logres lo que buscas.**

Esto parece de primaria, ¿no? Bueno, al menos eso parece.

Las extrañas relaciones causales de la comunidad HBI

Veamos algunos fenómenos que podemos observar en estos días:

- Un grupo de mujeres quiere que se detengan los homicidios de mujeres, porque su interés es cuidar la vida de las mujeres. ¿Qué hacen al respecto? Ah, pues protestan en las calles encuerándose, pintarrajeando monumentos y vandalizando lo que encuentran a su paso. Luego se preguntan y se quejan del porqué su protesta no funcionó, además de que causan molestia y son objeto de burla por parte de un sector de la población.

- Un grupo de ciudadanos no está de acuerdo con un asunto que ha decidido su gobierno, o con una acción que realizó. Quieren que sea diferente. ¿Qué hacen al respecto? Ah, pues protestan bloqueando carreteras y distintas vías de comunicación. Luego se preguntan y se quejan del porqué su protesta no funcionó, además de que causan molestia en la población afectada, quienes piden incluso que se use la fuerza pública para desalojar las vías de comunicación.

- Una persona dice querer tener relaciones humanas basadas en la honestidad, en la autenticidad; pero no se atreve a mostrarse como es, por temor a no ser aceptada por las personas que son de su interés. Tampoco busca otros círculos sociales. Luego se queja de que según ella vive en una sociedad donde "todos" usan máscaras y no son auténticos.

- Una persona dice querer bajar de peso, pero se molesta porque cerraron el gimnasio al que asiste con las medidas de distanciamiento por la pandemia del COVID-19, y encerrada en su casa se pone a comer más de lo habitual y menos saludable. Luego se queja del gobierno y del virus por su incremento de peso.

- Una persona dice querer encontrar a la pareja "perfecta". Asegura merecerla, pero no hace nada para mejorar ella misma y ser más atractiva e interesante. Sigue acudiendo a los mismos lugares donde principalmente hay HBIs, no hace más actividades que las tradicionales de los HBIs, y no tiene más tema de conversación que lo que todos los días hablan los HBIs. Luego se pregunta y se queja del porqué siempre encuentra lo mismo.

¿Son ejemplos lo suficientemente claros como para ser consciente de que **hace falta saber identificar relaciones causales** antes de actuar?

Se denominan **causas raíz** a aquellas que son las principales causantes de un asunto, o evento. Por ejemplo, para que nazca un bebé procreado de manera natural, tuvo que haber existido un embarazo, para que eso sucediera tuvo que existir fecundación del óvulo por parte de un espermatozoide, y para que eso sucediera tuvo que haber existido una relación sexual entre un hombre y una mujer. La causa raíz es la relación sexual. Entonces, si se desea tener menos bebés en la población, es importante buscar cómo minimizar las relaciones sexuales. Ah, ¿eso no es una opción viable? Ok, entonces se podría revisar cómo tener relaciones sexuales sin fecundación. Para eso se inventaron los preservativos. **Así se van identificando causas raíz: ideando hipótesis de soluciones, modelando sistemas que consideran todas las variables, aplicando paulatinamente las soluciones más factibles, e ir ajustando según se van validando los resultados de las hipótesis.**

Se llaman **soluciones raíz** aquellas que van enfocadas en atender la o las causas raíz, y se llaman **soluciones sintomáticas** aquellas que solamente atienden síntomas. Una pastilla para el dolor solamente quita el dolor, pero no elimina la causa del dolor. Esto sería una solución sintomática.

Se llaman pendejadas a lo que hacen los HBIs, ya que ni saben plantear un problema ni mucho menos identificar las causas raíz con enfoque sistémico. Sus ocurrencias no van dirigidas a ningún tipo de causas, solamente son ideas que tienen sobre cómo les gustaría que fuera el mundo, y actúan según sus fantasías (ideologías), imprimiendo además bastante carga emocional en sus acciones y juzgando como intolerantes a todo el que no está de acuerdo con ellos.

Relaciones causales en distintos tipos de sistemas

Para un **sistema físico,** las relaciones causales son simples; son como los primeros ejemplos del baloncesto y el billar. Para uno **orgánico o biológico** ya no son tan simples:

- El hecho de que te duela una mano no quiere decir con certeza que el problema radica en la mano. Podría ser un asunto del sistema nervioso, neuromuscular, circulatorio; podría ser también hipocondriasis, entre otras posibles causas.

- Una molestia en el estómago igualmente puede tener distintas causas. Es aquí donde radica la importancia del mensaje "no te automediques", ya que un problema que en apariencia es similar a uno del pasado puede en realidad ser muy distinto, y **si no te atiendes apropiadamente podrías tener consecuencias graves**.

- Así con el resto de los órganos. Algunos son más complejos que otros, pero el asunto es que las relaciones causales no son tan fáciles de visualizar.

- Para un ecosistema el nivel de complejidad puede ser mayor: una temporada de sequía o de inundaciones puede tener varias causas, o tal vez ser simplemente parte de un ciclo normal del ecosistema. Talar cierta cantidad de hectáreas de árboles puede tener distintos efectos. Todavía no conocemos bien el funcionamiento de ecosistemas complejos, ni podemos predecir con precisión lluvias, terremotos, huracanes, u otros fenómenos.

Para un **sistema social,** las cosas son mucho más complicadas, y entre más numeroso y diverso sea, son todavía más complicadas. Veamos algunos ejemplos para sistemas de distintos tamaños, niveles de complejidad y ubicados en distintos entornos:

- En una **familia**, a pesar de que los padres estuvieron al tanto de sus hijos, les brindaron educación profesional, herramientas, consejo y todo lo que consideraron necesario; algún hijo termina convirtiéndose en un delincuente. En la teoría de sistemas sociales, además del comportamiento contradictorio que hemos revisado, se sabe que **el éxito cambia las reglas del juego y se convierte en el peor enemigo del éxito mismo para el futuro**. También se sabe que **se puede ganar o perder, ambos por las razones equivocadas**. Esto quiere decir que no porque tú fuiste criado y educado de cierta manera y funcionó, que la misma receta funcionará con tus hijos. Pudiera ser que justo lo que creíste que convertiría a tu hijo en una persona exitosa, termine siendo lo que lo impactó negativamente. Sin embargo, cada caso es único, y así cada uno requiere revisarse de manera individual, para identificar las posibles causas raíz, y cómo hacer para solucionarlo, si es posible.

- En un **grupo de estudiantes**, el hecho de que uno de ellos muestre un comportamiento violento puede tener múltiples causas. Podría haber problemas en su familia de diversas índoles que le están repercutiendo, podría tener algún trastorno psicológico provocado por distintas causas, podría estar respondiendo a agresiones de algún compañero, podría ser solamente una percepción, puesto que en el entorno donde se desenvuelve (su cultura familiar o de su lugar de origen) están acostumbrados a pelearse y defenderse, e incluso ser bien visto, entre otras. Una solución muy sintomática sería simplemente imponerle un castigo, pero ahora sabemos que hacerlo sin modelar esta situación como un sistema podría ocasionar resultados opuestos; es decir, que el estudiante se haga todavía más violento.

- En una **empresa** podría haber un aparente problema de ventas, pero que revisando todo el sistema empresa y su entorno, el problema podría radicar en el modelo de negocio del principal producto, o tal vez que la industria a la que pertenece se ha contraído, o que por alguna declaración pública se afectó la reputación de la marca y los clientes están molestos, entre otros. No se puede simplemente decir: *"¡Hay que salir todos a vender más!"*, sin antes haber identificado primeramente el problema y las hipótesis de causas raíz.

- En una **ciudad** puede haber un problema de mala calidad del aire. Es fácil identificarlo porque se han instalado centrales de medición, y los indicadores son claros. Un activista sin gran preparación simplemente diría cosas como: *"¡Dejen de contaminar!"*, *"¡Activemos un programa tipo Hoy no Circula!"*. Las condiciones de cada lugar son distintas, hay algunos donde el viento, las lluvias, y otros factores naturales mejor aprovechados podrían contribuir a mejorar la calidad del aire, o bien la implementación de nuevas tecnologías que ya están disponibles. De igual manera, cada caso requiere ser modelado para su situación y entorno únicos, e ir probando hipótesis de solución.

- En un **país,** es imposible que un gobernante cambie por sí mismo la cultura de un sistema social de decenas de millones de habitantes, en un periodo de unos cuantos años. Sí puede facilitarlo, pero impactar a nivel cultural es increíblemente complicado. La cultura (costumbres, valores, vicios, imagen compartida) del país donde vives es el resultado de décadas y siglos de formación (o deformación). Seguramente tiene muchísimos problemas y económicamente no tiene las mejores finanzas. Seguramente hay atrasos en distintas áreas. Seguramente hay pobreza y falta de acceso a educación. Seguramente no tiene los mejores servicios de salud. Seguramente hay fuga de cerebros. Seguramente hay desigualdad, violencia, corrupción, etc, etc, etc. Ok, ahora, además de lo visto al momento, te darás cuenta de lo increíblemente complejo que sería modelar todo esto y pretender arreglarlo. Lo que sí se podría hacer es identificar ciertas causas raíz que están conectadas con varios de los principales problemas. Podrías identificar hipótesis de solución, por ejemplo, la **corrupción**, e ir modelando de la siguiente manera: si reducimos la corrupción, ¿qué pasaría con cada uno de los problemas identificados?, ¿cómo se interrelaciona con otras variables fundamentales?, ¿qué sucedería con el sistema completo?, y así con otras hipótesis. Finalmente, puedes decidir enfocarte en algunas causas raíz, o incluso en una sola, ya que como hemos visto, no puedes estar jugando con un sistema altamente complejo, ya que los resultados podrían ser desastrosos.

¿Podemos revisar un ejemplo más completo?

Sí, si podemos, pero no realizaremos un modelado completo. Solamente nos enfocaremos en identificar los principales pasos a seguir, algunas variables y sus interrelaciones. Lo demás te corresponde a ti. Este es un tema para el que existen profesionales altamente capacitados que se dedican solamente al modelado de sistemas, sistemas sociales, su dinámica y el diseño de soluciones a problemáticas complejas. Lo que nos interesa en este capítulo es que tengas mayor claridad sobre el procedimiento y lo que conlleva, ya que como validarás, implica una enorme cantidad de trabajo. Dicen: "No es como hacer enchiladas".

Supuesto asunto como ejemplo: Feminicidios y violencia contra la mujer.

Paso 1: Comprender el asunto y plantear el problema.

Primeramente, **son dos asuntos**, que pudieran estar muy interrelacionados, pero NO necesariamente. No podemos asumirlo, y menos podemos actuar por instinto ni de manera ideológica. Un asunto es Feminicidios, y el otro Violencia contra la mujer. En el asunto de la **Violencia contra la mujer**, **un tipo es** la violencia física y otro es la violencia psicológica. Para cada uno de ellos existen entornos donde suceden: en la pareja, en el trabajo, en la calle. Cada combinación *"tipo de violencia-lugar-circunstancias"* es única, y requiere plantearse por completo. Cada una tiene también sus estadísticas, para poder identificar dónde está el mayor problema tal que, si pretendemos resolverlo, logremos el mayor impacto. Entonces, necesitamos investigar del total de casos de violencia contra la mujer, **cuáles son los más graves y que más ocurren**. Podemos listarlos de mayor a menor, considerando esta combinación de gravedad y ocurrencia.

Ahora, en cuanto al asunto de **Feminicidios** es similar: no podemos simplemente tomar el concepto completo de "feminicidios" y actuar. Ocupamos hacer lo mismo que en el caso anterior: agruparlos acorde a tipos, lugares de ocurrencia y circunstancias. Posteriormente listar de igual manera acorde a la combinación de gravedad y ocurrencia.

Si acaso sucediera que la mayoría (70% o más) de los casos de violencia física y psicológica fueran causados por su pareja (novio o esposo), y que además los feminicidios sucedieran principalmente en lugares y circunstancias que no tuvieran que ver con la pareja, entonces no convendría ubicarlos como un solo asunto. Convendría modelarlos por separado. **Es sumamente importante saber plantear un problema**, y este caso hipotético nos indica que es conveniente separar problemas.

Requieres **saber también qué se está haciendo al respecto por parte de Gobierno, Organizaciones No Gubernamentales (ONGs) y algún otro**

tipo de Asociaciones. Puedes consultar los indicadores de tu Gobierno y ONGs, para revisar tendencias. OJO: **Tendencias**, no únicamente cifras en un momento específico. Necesitas comprender comportamiento de la situación, no solamente la fotografía instantánea. Muchas personas se dejan llevar por cifras absolutas. Por ejemplo, en México en 2019 hubo más homicidios en general que durante 2018. Sin embargo, este simple dato no es suficiente. Necesitamos ver la tendencia (la curva de crecimiento) que se mantenía desde años atrás, y cómo evolucionó en 2019. Cuando visualizas esto, te puedes dar cuenta que tanto para homicidios en general como para feminicidios se detuvo el crecimiento, es decir, que hubo una mejora. ¿Y por qué hubo entonces más homicidios en total? Bueno, por simples matemáticas esenciales: por ejemplo, si en 2018 iniciaste en 5 y terminaste en 8, hubo un crecimiento total de 3. Si en 2019 iniciaste en 8 y terminaste en 9, hubo solamente un crecimiento de 1, pero como resultado total fueron más, porque iniciaste el año en 8, no en 5. Si gustas, puedes trazar una pequeña gráfica para que lo veas más claro, o poner los datos en Excel y los vas sumando. Si para el caso de feminicidios ves que la tendencia está haciéndose plana (ya sin crecimiento), quiere decir que lo que sea que se esté haciendo para disminuir feminicidios está funcionando. Tal vez no al ritmo que deseas, pero está mejorando. Si esta tendencia se mantiene, quiere decir que pasando ciertos meses (que podrías estimar), los casos de feminicidios serían mínimos. Si es así, entonces quiere decir que no se tiene como tal un problema en el cual convenga enfocar esfuerzos adicionales, porque ya se está atendiendo mediante una estrategia nacional integral.

También, es muy conveniente **validar planteamientos clave (paradigmas y supuestos)** para evitar sesgos y decisiones ideológicas.

Puedes preguntarte: ¿Qué es lo que realmente queremos lograr?, ¿es minimizar las muertes de mujeres?, ¿es ayudarles a tomar mejores decisiones para su vida integral, o solamente personal, o laboral?, *¿o tal vez simplemente es que quieres salir a gritar que no las maten y que no te importa destruir la ciudad para que te escuchen?* Si es esto último, olvídate de todo este procedimiento y haz lo que quieras hacer, pero sé consciente de que no estás arreglando nada. Absolutamente NADA. Si lo que se busca es **minimizar la muerte de mujeres**, fácilmente puedes encontrar que existen varios padecimientos que cobran anualmente la vida de cientos de miles o incluso millones de mujeres en el mundo, y entonces convendría más enfocarte en ellos, y no en feminicidios o violencia contra la mujer, los cuales representan una cantidad increíblemente menor.

Ya que tenemos el asunto identificado, la priorización por gravedad y ocurrencia, las acciones actuales de gobierno y de otras instancias, las cifras y estadísticas; y ya que hemos validado nuestros planteamientos y paradigmas clave, ahora podemos definir en qué enfocarnos.

Una manera de hacerlo es preguntarnos: ¿En dónde y cómo podemos lograr el mayor impacto? Alguien que solamente quiere hacer argüende ideológico diría algo como: *"¡No me importa, yo no quiero que nos violenten y saldré a reclamar nuestros derechos de género!"*, mientras que alguien que sí quiere hacer algo al respecto se haría esa pregunta con total seriedad. Tu capacidad de impactar es distinta si lideras por ejemplo una asociación de mujeres con miles de miembros en una región grande, a si tienes un rol de recursos humanos en una empresa pequeña.

Supongamos que se decide enfocarse en la **violencia física y psicológica en la relación de pareja**, porque es ahí donde existen más casos y donde más se puede impactar.

Sigue elaborar el **planteamiento del problema,** el cual describe cuál es la situación deseada, cuál es el estado actual y qué implicaciones tiene esa diferencia entre el estado actual y el deseado. Debe responder a las preguntas: qué, quién, dónde, cuándo, cómo, porqué.

Paso 2: Idear hipótesis de solución.

Veamos una línea de causalidad simple, como una **primera idea**.

1. La violencia la genera la pareja.
2. La mujer decidió seguir con esa pareja violenta, luego de primeras señales de violencia.
3. La mujer eligió a esa pareja, no fue forzada.
4. Algo sucedió al momento en que la mujer eligió a esa pareja, que no le permitió ver el perfil violento.

Tenemos así una **primera hipótesis de solución**: Capacitar a las mujeres para 1. Saber elegir pareja, y 2. Ser determinantes para terminar la relación con una pareja que muestre primeras señales de violencia.

Luego generas otras hipótesis e identificas aquellas que son más factibles de implementar, es decir, aquellas que puedes llevar a cabo directamente, para las que cuentas con los recursos suficientes (humanos, materiales y económicos), que has podido modelar completamente, conociendo todas las variables asociadas, y que representan el menor riesgo.

Es sumamente importante explorar todas las posibles causalidades, por ejemplo:

- Modelar la relación causal entre entorno familiar y una persona violenta. Separarlo incluso según: impacto de la madre, del padre, de los hermanos, de la escuela, de la familia, y de los amigos.

- ¿Existen personas quienes independientemente de su entorno desarrollan patrones de violencia? Si la respuesta es afirmativa, entonces ya sabremos que es un problema que no se puede **eliminar**, sino solamente **mitigar** (reducir a un mínimo). Por más que exclames con toda tu rabia y hasta quedarte sin voz *"¡Ni una más!"*, no sería algo factible de lograr.

- Modelar la relación causal entre el comportamiento de la mujer y la violencia que recibe. Es decir, ¿podría la misma mujer causar de alguna manera una respuesta violenta por parte de su pareja? Recuerda, no se trata de ideologías ni de totalitarismos, sino de un proceso abierto, consciente y objetivo.

- ¿Pueden algunos medicamentos o sustancias como el alcohol y las drogas, incidir en un comportamiento violento?

- ¿Podría el trabajo que realiza la pareja ocasionar un comportamiento violento, ya sea por alguna condición de estrés o entorno laboral psicológicamente tóxico?

Paso 3: Definir soluciones y diseñar plan de acción.

Contando con la lista de posibles soluciones, las ponderas según viabilidad, impacto y riesgo (entre otras variables que dependen de cada asunto particular), y **defines para cuáles realizar un plan detallado de acción, considerando impacto sistémico**. Recuerda, no puedes simplemente analizar el comportamiento de las soluciones por separado en el tiempo, pensando que cada una actuará de manera independiente y que no habrá impacto o relación entre las distintas soluciones. **Necesitas visualizar el todo integrado. Eso es pensamiento de sistemas**.

Ten siempre presente que para que los resultados sean visibles toma tiempo, según el nivel de complejidad del sistema: pueden ser meses, años, e incluso décadas. Por ejemplo, cambiar la cultura de un país es un asunto que puede llevar décadas. Solamente una fuerte crisis podría ayudar a que sea más rápido.

Ya hemos visto los principales y más importantes pasos sobre cómo plantear un problema con enfoque sistémico y sobre cómo diseñar hipótesis de solución. El proceso completo es extenso y laborioso.

Ahora ya comprendes que:

Resolver problemas no es un asunto ideológico ni emocional. Requiere preparación, inteligencia, un cuidadoso planteamiento de un problema y un detallado modelado de posibles soluciones.

Los problemas de un sistema social a gran escala como un país no se resuelven ni con marchas ni con protestas. Se resuelven atendiendo inteligentemente las causas raíz, y los resultados tardan tiempo en ser visibles.

Nota: No estoy afirmando que las marchas y protestas no tengan ninguna utilidad. Más bien, estoy invitando a reflexionar para encontrar otro tipo de estrategias donde exista una mejor relación causal entre lo que se busca lograr y las acciones que se pueden llevar a cabo.

06 - Leer ocurrencias no cuenta como leer

"¡Ponte a leer, ignorante!"

Una frase muy vista en comentarios de redes sociales. Pero ¿qué realidad encierra? ¿Será que por el hecho de leer ya dejaremos de ser ignorantes? ¿Será que leyendo cualquier cosa comprenderemos mejor al planeta, al universo, la sociedad y nuestra mente?

El otro día escuché que una persona le preguntó a su esposo: "Oye amor, ¿qué me recomiendas leer?, ¿Alquimia, o Metafísica?". La respuesta de su esposo fue contundente: NINGUNA.

El mundo de la literatura actual está inundado por ocurrencias de personas con altísimo grado imaginativo e ideológico, por novelas, por fantasías, por personajes ficticios realizando un montón de historias ficticias. Al mismo tiempo, cada vez menos personas muestran interés por la categoría denominada "No ficción".

¿Y qué es la No Ficción?

Son obras que tratan sobre hechos de la vida real y las circunstancias que ocurrieron de la misma forma en que son relatadas, no existiendo elementos de la historia que sean inventadas o bien imaginarias. El ejemplo más claro lo encontramos en los **ensayos científicos** donde se relata el fenómeno tal cual ocurrió. Otro ejemplo, lo observamos en las **biografías**, donde se cuenta la historia de sus personajes.

Para un HBI, la no ficción le resulta MUY aburrida y difícil de comprender. Prefiere ver videos de YouTube sobre la nueva teoría de conspiración, gatitos haciendo cosas chistosas que lo entretienen, influencers haciendo tontera y media con tal de entretener a sus seguidores; y en el caso de obras literarias como tal, prefiere leer el nuevo libro de su escritor favorito de desarrollo personal (ese que dice recibir mensajes directos de alguna deidad), o sobre las *"energías"* que nos ayudan a ser mejores personas, o la nueva obra de su líder ideológico, donde ahora cita *"Las 10 reglas infalibles para el éxito"* (o algo semejante), entre otros.

A un HBI le interesa creer y fantasear, no comprender.

Acompáñame a ver esta interesante anécdota, que no debería ser basada en hecho reales, pero bueno... están platicando Pepe y Juanito:

Pepe le dice a Juanito: "¡Oye Juanito!, mira este libro que traigo, creo que te podría interesar. Habla sobre el descubrimiento del campo electromagnético, las ecuaciones de James Clerk Maxwell, quien es el descubridor de la teoría electromagnética. Habla también del espectro electromagnético, de los rangos de frecuencias de los distintos tipos de ondas y sus aplicaciones en la actualidad, como las microondas, el radio, los celulares, el radar, entre otras. Habla sobre cómo funcionan las antenas de transmisión y los dispositivos receptores. Es una compilación elaborada por varios de los científicos más reconocidos en estos temas a nivel mundial, por algunas de las mejores universidades y empresas líderes que fabrican tecnologías y aparatos de telecomunicaciones. ¿Quieres que te lo preste para que lo leas?".

Juanito: "No, es que estoy ocupado viendo unos videos bien interesantes que están circulando en redes sociales, sobre unas personas que han salido a la calle a medir la radiación de las antenas 5G. ¡Híjole si supieras! Todo esto de la pandemia por el COVID es en realidad una conspiración del nuevo orden mundial para lanzar el 5G y controlarnos a todos. ¡No hay que dejarnos! ¡No nos van a controlar! ¡Yo no quiero tampoco el chip ese que el tal Bill Gates nos quiere poner a todos, ni sus vacunas!".

Pepe: "Oye, pero ¿quiénes son esas personas que hacen los videos?"

Juanito: "Pues gente interesada en saber la verdad, pero luego luego se ve que saben un buen y además se están arriesgando mucho, porque si las corporaciones se enteraran de lo que están haciendo los podrían hasta matar. No quieren que se sepa la verdad y es mejor ver esta información antes de que la borren los poderosos."

Pepe: "Pero ¿has visto su currículum, su trayectoria, su preparación académica, para saber si realmente saben sobre lo que están hablando?"

Juanito: "No, ¡pero eso qué importa! Mira, traen un aparatito bien fregón que les marca cuando hay un nivel de radiación alto, y cuando se acercan a ciertos lugares cambia lo que les marca, subiendo de pronto de nivel. Ahí en los videos lo explican y se ve muy claro todo. ¡Eso sí que está mal! ¡No puede ser que nos quieran dañar a todos con tal de que los multimillonarios se hagan más ricos!".

Pepe: Ok, bueno. ¿Seguro que no quieres ver este material? En serio, aquí puedes encontrar las respuestas de lo que estás buscando.

Juanito: "¡No!, además, así como me dices, pareciera que ese libro fue hecho por las mismas corporaciones y súper poderosos que nos quieren mantener en la ignorancia, sin saber la verdad. No me voy a dejar, yo soy alguien muy inteligente que no se deja manipular así de fácil. ¡Conmigo no podrán! Ya nos andamos organizando unos contactos que hice en redes para ir en próximos días a destruir esas antenas que andaban poniendo allá en el cerrito, porque seguramente son para el 5G."

Pepe: "Oye, pero esas antenas ni son para telefonía celular…"

…

¿Te parece conocida esta anécdota? ¿Has visto que algo similar suceda en tu localidad? ¿Conoces a un Juanito?

En la historia del HBI, casi todo inicia con buenas intenciones

En el mundo editorial, no siempre fue como en la actualidad. Al principio existían **empresas editoriales** y algunas otras instancias quienes producían libros (**Universidades, Gobierno, ONGs**, entre otros), quienes eran las únicas encargadas de la fabricación, promoción, distribución y venta de textos (periódicos, revistas o libros). Para el caso de libros, establecían contratos con escritores, tal que éstos solamente se enfocaban en escribir, y la editorial hacía el resto. El escritor, dependiendo del tipo de contrato, ganaba un porcentaje mínimo del monto que la editorial obtenía por cada libro vendido, pero solamente tenía que ocuparse en escribir, ya que la misma editorial se encargaba del marketing y comercialización, organizando giras de presentación de su libro, y entrevistas en medios de comunicación para difundirlo.

No había tanta competencia, y a su vez no había tantos escritores en el mercado. Esto era en parte ocasionado porque cada editorial recibía decenas, cientos y miles de materiales a revisar cada año para analizar si era factible tomarlos como propios, para ser editados, fabricados y comercializados. Muy pocos lo lograban. Muy pocos.

Una combinación de tecnologías ayudó a cambiar por completo las reglas del juego. Justo este libro es un ejemplo. Yo, el autor, puedo estar trabajando por mi cuenta en una computadora en algún lugar del mundo, soy libre de integrar a mi propio equipo de trabajo para revisar el texto que voy escribiendo, realizar algún diseño completamente a mi gusto, y luego al terminarlo puedo hacerlo disponible al público por medio de Amazon. Siendo así, yo mismo soy el encargado de la comercialización y marketing, mientras que Amazon es una plataforma que realiza la venta, ya sea como libro digital o físico. Según las ventas de cada mes, me deposita mis regalías, que pueden ser de un porcentaje distinto según las opciones que brinda al momento de configurar un nuevo material.

Surgió entonces un problema por tres vertientes:

1. Las **empresas editoriales** siguen existiendo, solamente se han tenido que renovar. Algunas de ellas, al darse cuenta de la necesidad de la población de creer en fantasías, se enfocaron en ofrecer precisamente eso. El problema del capitalismo, ampliado por el neoliberalismo es que, mientras se logren más ventas y utilidades, no importa si es basura lo que se está ofreciendo; no importa si es o no conocimiento, si aporta o no valor. "Mientras se ofrezca al cliente lo que pida, está bien.", eso es lo que dicen.

2. Surgieron **plataformas de autoedición y comercialización**, que ofrecían a cualquier persona la oportunidad de fabricar su libro, con

distintos paquetes de servicios que podían incluir alguno de los siguientes o una combinación: revisión de redacción, estilo editorial, diseño gráfico, asesoría, fabricación y envío de libros físicos. Luego surgieron plataformas digitales como **Kindle de Amazon**, que en la actualidad hacen todavía más fácil el proceso de convertirse en autor. Puedes hacer disponible a todo el mundo tu libro tanto en formato digital como físico. Eso sí, estas plataformas no se hacen responsables de la calidad del contenido de los materiales que hacen disponibles. Esa responsabilidad la dejan completamente a los autores independientes, quienes somos cada vez más. Las plataformas ganan más entre más autores participen y entre más ventas logren de sus libros, independientemente de la calidad, conocimiento y valor aportado por sus obras a la sociedad.

3. Los **autores independientes**, gracias a las plataformas de autoedición tuvimos acceso a una oportunidad que de otra manera hubiera sido muy difícil de obtener: un canal con alcance global para poder hacer disponibles nuestras obras. Sin embargo, se puede encontrar a todo tipo de autores, desde los conspiranoicos más descabellados hasta los fanáticos ideológicos más extremos; desde los autodenominados gurús iluminados que traen mensajes de seres de otras dimensiones hasta personas con buenas intenciones, pero cuyo nivel de conocimiento y experiencia es muy limitado. ¿Sabías, por ejemplo, que uno como autor puede colocar una **opción** para que en la fecha de lanzamiento el libro aparezca como "Best-Seller" (mejor vendidos)? Los charlatanes hacen uso de este tipo de beneficios, para luego autopromocionarse como "Autores Best-Seller".

Con todo esto, **el poder validar calidad, conocimiento y valor quedan como responsabilidad del lector.** Aunque distintos medios de comunicación escritos, por televisión, e incluso en plataformas libres como YouTube y redes sociales recomienden alguna obra, recuerda que vivimos en un sistema económico donde es muy difícil encontrar una recomendación que no haya sido pagada directa o indirectamente, o donde por entrevistar a un autor no se obtenga algún beneficio por medio de distintos y novedosos modelos de negocio.

¿Y a quién le creemos entonces? ¿Cómo saber diferenciar entre una obra de calidad con información verídica, de otra de ocurrencias y charlatanería?

Para saber hacerlo, es clave poner atención en la escuela. Si no lo haces o si ya no lo hiciste, probablemente será más difícil.

Te comparto algunas recomendaciones sobre autores y sus obras, así como algunos fenómenos psicológicos que hay que tener muy en cuenta para no caer en argumentos mal planteados que pueden servir para hacerte creer fantasías y manipularte fácilmente:

El autor. Investiga su nombre en Internet y en distintos buscadores. Si es alguien con trayectoria, prestigio y proyectos realizados afines al tema de su obra, seguramente encontrarás información publicada sobre él en instancias reconocidas, como Universidades de prestigio, Centros de Investigación, Empresas Líderes, Instancias de Gobierno, Organizaciones No Gubernamentales (ONGs). **Revisa si ha obtenido algún premio, reconocimiento o distinción.** Valida publicaciones o noticias relacionadas sobre **proyectos que haya realizado**, ya que un proyecto exitoso implica buen manejo de recursos, personal, un calendario de trabajo y resultados tanto documentados como validados por clientes. Es muy distinto "hablar de", a "hacer las cosas". Un conferencista habla de ciertas cosas (solamente habla), mientras que **un auténtico experto en el área HACE las cosas**. En esto radica la importancia de la experiencia con proyectos, y entre mayor alcance, mejor. No es lo mismo haber realizado un proyectito local para una empresa pequeña o un gobierno local con alcance local, a contar con la experiencia de haber realizado programas y proyectos de alcance nacional, colaborando con instancias reconocidas a nivel nacional e internacional.

También, **valida si ha realizado ponencias en foros reconocidos, pero que sean técnicas**, que tratan sobre esa experiencia demostrada por resultados en proyectos de gran alcance, o sobre temas muy especializados. Es muy distinto impartir una conferencia motivacional a una técnica. Hay personas que se dedican profesionalmente a hablar de cosas, y eso es todo lo que hacen: solamente hablan de ellas. Imagina que escuchas a un conferencista profesional cuyo equipo de trabajo son 2 o 3 personas, que nunca ha tenido experiencia como líder de grandes equipos de trabajo en la industria, impartiendo una conferencia de trabajo en equipo a personal clave de una planta industrial con miles de trabajadores. ¿Realmente sabrá de lo que está hablando? Ahora imagina que te encontraras un libro escrito por él, titulado "Recomendaciones prácticas para equipos de alto desempeño", y que como experiencia citara las muchas conferencias que ha impartido. ¿Te convencería?

Ten mucho cuidado cuando alguien se presente como "Conferencista Internacional", "Conferencista Profesional", "Líder de opinión", "Líderes en … lo que sea", o incluso como "Experto en X área". **Para quienes**

saben hacer las cosas y son verdaderos líderes o expertos, su mercado les reconoce su liderazgo y expertise. Para ellos, el tener la oportunidad de impartir alguna ponencia representa solamente una actividad adicional.

Ahora, un autor o escritor es también una persona, que puede tener sus hobbies, sus opiniones muy personales sobre religión, política, y distintos movimientos y acontecimientos. **Sus obras no son su persona.** Están relacionadas, pero no son lo mismo. Puede que una obra sea de tu agrado, pero el autor no, y viceversa. Abre tu mente a esa posibilidad.

La obra. Búscala en Internet y revisa comentarios de otros lectores. Podemos tener obras ya muy vendidas, y obras nuevas. En el primer caso, revisa quiénes son aquellas personas que las recomiendan y navega por los comentarios con los que ya cuenta, analizando tanto los que están a favor como los de algunos lectores a quienes no les gustó; tal vez encuentres un comentario realizado por algún líder o figura a quien reconoces. En el segundo caso (obras nuevas), la gran ventaja con las plataformas de autoedición y tecnológicas es que te permiten leer un capítulo antes de decidir comprarlas. ¡Hazlo si tienes dudas!

Revisa también que el perfil y la experiencia del autor estén relacionados con la obra. Imagina que quisieras leer sobre Inteligencia Artificial, y te encontraras con una obra cuyo autor fuera Deemis Hassabis, el Fundador y CEO de DeepMind, la empresa de Google que es líder mundial en Inteligencia Artificial, quien además es un Doctor en Neurociencia Cognitiva e investigador de Inteligencia Artificial, egresado de las universidades con mayor prestigio en el mundo; es también diseñador de videojuegos desde adolescente y jugador de ajedrez de clase mundial.

Claro, no todos tenemos la fortuna de contar con un perfil así, pero según tu mejor apreciación, puedes validar que exista relación lo suficientemente llamativa entre la obra y el perfil del autor. En otro extremo, imagina que quisieras aprender sobre **Física Cuántica**, que es un tema técnico increíblemente profundo para el que se requiere un nivel muy sobresaliente de preparación académica y como investigador, con al menos nivel Doctorado. Supongamos que te encontraras un libro con un título atractivo, pero que al investigar sobre el autor te dieras cuenta de que ni siquiera tiene estudios académicos como físico, y que por comentarios de lectores validas que su libro lo está enfocando en asuntos de superación personal. Si así fuera el caso, sabrías que el autor no cuenta con la preparación ni con la experiencia en el tema que buscas, y que ese libro realmente no tiene mucho que ver con Física Cuántica, sino con una moda de superación personal que un grupo de gente ha estado utilizando en últimos años.

Eso sí, **si en verdad te llama la atención un libro, ¡inícialo!** Conforme avances irás validando si vale la pena o no. ¡Dale la oportunidad!

Sesgos, falacias y anumerismo

Ten cuidado de no ser víctima de los siguientes **fenómenos cognitivos**, que pueden hacerte caer fácilmente en manipulación. Los puedes identificar conforme avances en cualquier libro, cuando investigues información en Internet, cuando leas publicaciones en redes sociales o bien cuando recibas información que te envíen tus contactos:

Sesgo cognitivo. Es un efecto psicológico que produce una desviación en el procesamiento mental, lo que lleva a una distorsión, juicio inexacto, o interpretación ilógica. En otras palabras, **es un engaño en el**

que se puede caer fácilmente cuando se presenta una serie de información y estímulos que nuestro cerebro relaciona con el pasado e interpreta de manera errónea para el presente. Puesto que nuestro cerebro trabaja constantemente para intentar predecir el futuro, cuando observa información semejante a un evento del pasado intenta adivinar lo que sigue. Es decir, si identifica cierto patrón de eventos, cree que lo que sigue será como la acumulación de experiencias del pasado. Algunos ejemplos: "Otra vez ya parece que será un mal negocio", "De seguro me están intentando engañar, hasta parece que estoy escuchando a aquella persona.", "¡Es cierto!, si esta persona ya trabajó en un gobierno corrupto, entonces claro que debe ser alguien corrupto. ¡Hasta habla igualito!", "Veo que se junta con puro HBI, entonces debe ser un HBI. Hay que tener cuidado, porque hasta se ve y habla como ellos.". Esto ha sido estudiando ampliamente y es aprovechado por propaganda para manipular. Existen distintos tipos de sesgos, los cuales según tu interés podrás investigar por tu cuenta.

Falacia. Es un argumento que parece válido, pero no lo es. De igual manera, son muy utilizadas para manipular mediante propaganda, y también son formas en que personas con poca preparación pueden inducir a falsas conclusiones sobre temas muy importantes. A continuación, un ejemplo que incluye también algunos **sesgos**, pero cuyo argumento principal se obtiene mediante una **falacia**:

1. **Juanito** ve una noticia sobre un estudio que habla sobre "El poder de la mente para sanar cierto padecimiento". No leyó el estudio ni revisó otros estudios relacionados, solamente leyó la noticia y rápido. Por alguna razón cree que todos los padecimientos funcionan igual, y entonces generaliza con una conclusión del tipo: *"La mente puede sanar cualquier padecimiento."*.

2. Luego, **Pepe**, un contacto de mucha confianza le comenta que científicamente está comprobado el **efecto placebo**, que es un fenómeno donde pacientes mejoran su estado de salud en un experimento, aún sin haber tomado medicamento. Juanito comienza de inmediato a recordar cuando sanó y no supo bien cómo fue, o cuando algún conocido se recuperó de algo que era muy grave y no se explicó bien cómo es que sanó. Juanito reflexiona: *"¡Todo cuadra, todo encaja...!"*.

3. ¡A **Juanito** se le prende el foco!, vive un intenso momento Eureka y exclama: *"¡Ya sé! Está científicamente comprobado que la mente sana el cuerpo."*.

4. Finalmente, **Juanito** considera que ha realizado un gran descubrimiento, tal que lo toma como argumento clave para escribir al respecto, para hacer videos en YouTube, distintas publicaciones en su blog y redes sociales sobre cómo las personas pueden sanarse trabajando en su mente, porque *"según sus investigaciones, está científicamente comprobado y basado en distintos estudios que la mente sana el cuerpo"*.

No es sencillo el asegurar que se es inmune ante la presencia de falacias, ya que existen algunas muy elaboradas. Toda la fundamentación de las teorías de conspiración se basa precisamente en el aprovechamiento ya sea por ignorancia o intencional de falacias, sesgos y anumerismo. Existen también varios tipos de falacias. Recomiendo ampliamente investigar y estudiar más al respecto por cuenta propia.

Anumerismo. Es un término acuñado por el matemático y divulgador norteamericano John Allen Paulos en su libro "El Hombre Anumérico" (ed. Tusquets, 1990), que describe la incapacidad de muchas personas "de manejar cómodamente los conceptos fundamentales de números y azar". En otras palabras, que **el poco nivel de preparación en matemáticas está relacionado con el malinterpretar lo que se ve y lo que se oye, así como con la incapacidad de entender el mundo de manera científica y racional.** Un ejemplo de esto lo podemos validar con los indicadores que tenemos disponibles sobre el progreso de la pandemia por COVID-19: nunca en la historia se había contado con tanta información actualizada en tiempo real sobre las estrategias y resultados por país, región y lugares específicos. Cada persona puede consultar desde su celular, tableta o computadora los indicadores clave, tendencias, comparativos, y aun así requieren que se les diga exactamente qué hacer; requieren creer en alguien o en algo, mientras que al mismo tiempo surgen las teorías de conspiración más descabelladas... y un número cada vez mayor de personas de todos los países que van creyendo en ellas.

Ten mucho cuidado, porque si eres tú quien afirma con total convicción:

¡Ponte a leer, ignorante!

Tal vez el otro no sea el ignorante...

Medítalo con calma.

07 - Esa inconmensurable atracción por hacer tonteras por amor

"¡Yo por ti soy capaz de todo!"

Los seres humanos llevamos existiendo cientos de miles de años, somos capaces de enviar sondas espaciales a los confines de nuestro sistema solar, de crear robots súper avanzados cuyas capacidades motrices ya superan las nuestras, entre muchos otros avances tecnológicos, pero ni en nuestra familia ni en nuestras escuelas se nos enseña, ni mucho menos se nos prepara, sobre asuntos tan importantes como: ¿Quiénes somos?, ¿qué hacemos aquí?, ¿qué es la vida?, ¿qué es la muerte?, ¿cómo se conserva la vida y se garantiza la supervivencia de nuestra especie?, y especialmente por el tema que nos corresponde: **¿qué es el amor?**

¿A qué clase de HBI se le puede ocurrir que no es relevante llevar una preparación tanto en casa como escolar sobre estos asuntos?

¿A qué clase de HBI se le puede ocurrir creer cosas como *"Pues eso ya es de cada uno."*, o bien *"Que cada uno lo vaya resolviendo en su vida a su manera, porque son cosas muy personales."*?

Y así andamos por la vida, sin saber cómo funciona lo esencial; ni del mundo natural que nos rodea ni de nosotros como seres vivos ni de lo que ocurre en nuestra mente gracias a ese fenómeno llamado consciencia. Así andamos, pero eso sí, ocupados día con día buscando trabajar o producir algo para ganar dinero en este sistema socioeconómico que crearon quienes estuvieron antes de nosotros, creyendo que en algún momento cada uno encontrará sus respuestas a esas preguntas, y si no, pues ya será bronca igualmente de cada uno.

Total, dicen los líderes HBI: *"¿qué es lo peor que pudiera pasar si alguien lograra acumular gran poder económico, político, militar, tecnológico, o social, pero no le interesara ninguno de estos asuntos, o bien si no los tuviera integrados en su vida? ¿Qué es lo peor que pudiera pasar si por no asentar primero estas bases sobre nuestra existencia y supervivencia, surgieran aquellos a quienes solamente les interesara acumular más y más poder a cualquier costo?"*

Es que te quiero mucho y siento muchas cosas bonitas

Tan faltos de propósito y contenido podemos llegar a ser, que con cualquiera que se nos acerca y nos hace sentir "bonito" creemos que ya hemos encontrado el amor. Por otro lado, podemos llegar a estar tan llenos de soberbia o de enredaderas mentales, que nadie llene nuestras expectativas; lo que fortalece esa idea de que *"somos demasiada pieza y nos merecemos algo mucho mejor"* (una idea que solamente nosotros creemos, y algunas veces nuestras madres).

Los sentimientos, emociones y paradigmas más arraigados nos hacen ver constantemente cosas que no existen, las modifican a su conveniencia, o simplemente toman control de nuestra razón. Veamos algunos ejemplos:

1. **Dice el amante a su amada**: "No importa que yo no tenga estudios ni alguna preparación profesional, ni que no sepa si los voy a iniciar pronto, ni que no tenga nada que ofrecerte ahorita ni algún plan o idea para un día tener algo porque, aunque sé que en tu familia

todos tienen estudios, aunque sé muy bien que a ti te gusta viajar, comprar cosas de marca y tener un estilo de vida desahogado, ¡ya veremos cómo lo resolveremos mi amor! ¡Yo te amo y me cae que si este amor pudiera convertirlo en oro seríamos ricos! ¡Entre los dos saldremos adelante! Mientras exista amor, ¡todo lo demás es lo de menos! ¡Cásate conmigo, ándale, di que sí, lo que importa es estar juntos!".

2. **Dice una madre o amiga**: "Mi -hijo, hermano, familiar, amigo-, con quien tuve un fuerte desacuerdo no vino a esta reunión que es tan importante para mí. Yo estoy muy triste por eso. Entonces no puedo enfocarme en disfrutar esta reunión con todos los que sí están y que me trajeron regalos y música, además de su compañía. Hay quien incluso viajó desde muy lejos para estar conmigo, pero yo estoy muy triste por quien no está. No me merezco ese trato. ¿Por qué me hace eso? No es justo."

3. **Dicen un (a) joven**: "Eso de casarse así nadamás es muy riesgoso. Yo no quiero equivocarme, así como tantas personas se equivocan y luego terminan divorciados ya con hijos, problemas legales y económicos. O sea, yo sí creo en el amor y sí quiero encontrar una persona especial para quien yo sea igualmente especial, con quien podamos hacer un proyecto entre ambos de largo plazo, y con quien podamos realizar muchas aventuras; pero yo primero quiero probar el vivir juntos, y ya si las cosas funcionan, pues entonces sí decidiré con mi pareja si nos casamos. ¡Yo no me arriesgaría así nada más! ¡No soy tonto (a)!"

4. **Dice un pretendiente acerca de su pretendida**: "Me dice que si realmente la amo que me una a su movimiento social. Esa gente con la que se junta hace protestas para según ellos proteger al medio ambiente, pero no hacen nada más. Yo ya le dije que yo de hecho

trabajo en desarrollos tecnológicos para sistemas de energías renovables, que ya se están utilizando y que tenemos medido el impacto positivo para el medio ambiente. Sin embargo, me dice que eso no sirve porque las corporaciones están buscando controlar todo, que son parte del nuevo orden mundial y que entonces debemos protestar, que incluso falte un día al trabajo para ir con ella a la siguiente protesta. Si la quiero ver, ahí me espera, que no hay de otra... Híjole es que está muy guapa y me hace sentir como nadie más cuando estoy con ella..."

5. **Dice un hijo (a) o amigo (a)**: "¡En esta familia-grupo nadie me quiere ni me comprende! Por eso prefiero estar en redes sociales, porque ahí si tengo amigos de verdad y gente que me quiere, que le dan «me gusta» a mis publicaciones, las comentan y las comparten. Con algunos hasta hemos hecho llamadas en grupo y reímos mucho. Aquí con ustedes no es así... o sea sí los veo diario, hacemos cosas juntos, me han hecho fiestas de cumpleaños y ¡sí, sí!, ¡sí voy a pagar lo que debo!, pero la verdad siento que no me comprenden y no me quieren. ¡Ya estoy harto (a)!"

Cada ejemplo encierra una incongruencia de alto nivel. ¿Las ubicaste? Si no es así, te invito a volver a leer aquel ejemplo donde no la encontraste, pero hazlo con los ojos de la razón, no con los de la emoción y el cariño. Considera que no estamos afirmando que tengan que ser excluyentes, sino que en estos casos particulares existen tremendas incongruencias.

¿Se trata entonces de anteponer la razón al amor, al sentimiento, aunque sean algo puro y bien intencionado?

Supongamos que un amor o un sentimiento puro y bien intencionado te está llevando inocentemente a aventarte desde un avión sin paracaídas ni traje wingsuit ni siendo superhéroe que vuela ni nada... Ok, es un ejemplo que suena extremo, pero existen bastantes casos en mayor o menor medida, donde se presentan situaciones reales, y las personas se avientan por "amor" sin dudarlo.

Recuerda que no se trata de ver el blanco o el negro, sino las tonalidades de todos los colores. **Se puede visualizar todo al mismo tiempo**.

En el **primer ejemplo**, supongamos que una pareja en una situación como la descrita sí se aman de verdad pero que, tomando una perspectiva distinta, primero se ponen a trabajar juntos para tener algo que les permita costear el estilo de vida que buscan, incluyendo el iniciar alguna preparación profesional. Si es cierto que es amor, durante el trayecto se conocerán más, a la vez que construyen una mejor relación de pareja y estando mejor preparados para el futuro. Si es así, ya ellos sabrán qué momento es el idóneo para considerar el casarse, pero contando ya con una o varias relaciones causales muy claras entre dónde están y el futuro que desean. **El problema radica cuando no hay ninguna relación causal; ninguna en lo absoluto,** y además no se visualiza tampoco cómo podría existir alguna en el futuro.

Es cierto, seguramente habrás escuchado de alguna historia "increíblemente romántica", o bien recuerdas una película o novela que te gustaron mucho y que hasta te hicieron llorar sobre una pareja que sin tener nada claro a futuro arriesgaron todo uno por el otro, que huyeron para vivir su amor, vivieron mil aventuras y al final terminaron juntos, siendo "felices para siempre".

Primeramente, valida si son historias ficticias o si son casos reales. Sé consciente de que, si te atreves a tomar un riesgo como esos, la probabilidad de que lo logres será una en cientos de miles, o tal vez millones. Muchas parejas creen que se puede vivir de amor hasta que experimentan el tener que pagar sus cuentas para mantener el estilo de vida que desean, o en un caso extremo, hasta sufrir algunas consecuencias como ser embargados, echados de su hogar o incluso tener problemas legales más fuertes. Ni que hablar cuando se atraviesa un problema de salud que requiere atención de un médico especialista en un hospital privado, de quien tan solo el precio de la consulta equivale a lo que ganas durante varios días de trabajo.

Cuando sabes combinar con mucha práctica la razón y el amor-sentimientos (porque requiere también gran nivel de práctica), te puedes dar cuenta que existen muchas otras maneras de resolver asuntos que antes percibías como problemas, y que ahora solamente sabes que son decisiones por analizar, y tomar.

En el **segundo ejemplo**, serás consciente de lo que a ti te corresponde hacer, y lo que no. A ti te corresponde ser firme con tus posturas y argumentos, especialmente cuando están basados en la realidad, en la razón, en la verdad, en la honestidad. Si eso no es del agrado del otro y se aleja, es su decisión, no la tuya. A ti sí te corresponde invitarle, pero no depende de ti si asiste o no. Estando ya en tu reunión, a ti te corresponde enfocarte en disfrutar con la compañía y cariño que te rodean. A ti te corresponde no guardar rencor, sino solamente ser consciente de que hubo una diferencia de opinión en algún tema o asunto específico, pero nada más. En el futuro a ti te corresponderá volver a invitar en todas las oportunidades que existan, sabiendo que el otro es quien decide aceptar, o no. Puedes vivir tranquilo (a) y feliz, porque te estás enfocando en el presente, en lo que a ti te corresponde, y aceptando que no puedes tomar decisiones por los demás.

En el **tercer ejemplo**, puedes hacerte una pregunta muy profunda: ¿Voy en serio, o estoy jugando, solamente pasando el rato? Es decir, ¿estoy en plan de "estoy dispuesto a hacer que funcione la relación", o "si no funciona ahí la dejamos y ya"? También, puedes hacerte la pregunta con respecto a tu pareja: ¿Quiero a alguien conmigo que vaya en serio, o quiero a alguien que solamente tenga una expectativa del tipo "a ver si funciona, y si no pues ahí la dejamos y terminamos, antes de que todo sea más complicado"? Puedes agregar una pregunta más: **Si yo solamente estoy jugando, si solamente estoy pasando el rato, ¿cómo espero atraer a alguien que esté buscando una persona única y especial por quien valga la pena arriesgarse a construir un plan juntos de largo plazo?** Anímate a hacerte estas preguntas. Sé consciente de tus incongruencias, y no te extrañes del porqué atraes lo que atraes.

Si te das cuenta, estamos aplicando **pensamiento de sistemas y relaciones causales**. Puesto que el pensamiento HBI ha sido integrado en mayor o menor medida en nuestro proceso de crianza y educativo, solemos caer en bastantes falacias y errores monumentales que terminan lastimándonos más de lo que nos ayudan, por ejemplo:

1. *"Hay muchísimos hombres-mujeres disponibles, como sea me conseguiré a alguien más. No me voy a poner triste por una sola persona."*
2. *"Como conozco matrimonios que no han funcionado, o que les ha ido muy mal, entonces debe ser verdad que el matrimonio no sirve ni es deseable."*

3. *"Si no tengo pareja es porque yo soy una persona independiente, única, maravillosa, que hace que los demás me vean como inalcanzable. Soy mucho para los demás. Por eso estoy solo (a)."*

4. *"Prefiero estar desde ahora solo (a), que pensar en un día donde tuviera que soportar a alguien a quien no amo, solamente porque ya tuvimos hijos y para que a ellos no les afecte una separación."*

5. *"Es mejor callar porque así me evito problemas con quien amo, o con quien me gusta, o con quien deseo tener una amistad."*

6. *"Yo sé que cambiará cuando ya estemos juntos. Sí veo que tiene algunos vicios, pero yo sé que ya estando conmigo se le quitarán. Ya no lo critiques, porque es el hombre que amo."*

Entre muchos otros. No permitas que el pensamiento HBI te arruine la oportunidad de vivir un amor y relaciones auténticas.

¿A poco vamos a dar sin recibir? ¿Qué clase de mal negocio es ese?

"Trata a los demás como ellos te tratan a ti".

"Pero ¿cómo?, ¿luego ya no hizo nada por ti? A la próxima tú ya no le regales nada ni le ayudes."

...

HBI, ¿eres tú?, ¿andas por aquí?

Amar se trata de **dar**, pensar como HBI se trata de **recibir y negociar reciprocidad**.

Utilizar el pensamiento de sistemas para el amor se trata de decidir actuar por simple voluntad y auténtico interés en la otra persona,

sabiendo que se podría recibir algo a cambio, pero sin estarlo esperando; siendo consciente que lo que se hace por la otra persona le aporta el mayor valor en la combinación de lo tangible, emocional y con visión de largo plazo. Existe un equilibrio, que surge de manera natural.

Si no lo has vivido así, seguramente resultará muy difícil de comprender.

Si quieres hacer algo por alguien, ¡hazlo y ya!, no estés registrando facturas de favores o muestras de cariño que a la primera oportunidad en el futuro tengas que estar recordando para chantajear emocionalmente. Un HBI es alguien que constantemente está diciendo: *"Recuerda que aquella vez yo hice esto por ti"*, *"Yo soy buena persona porque yo sí estoy al pendiente de ti, y tú no eres así conmigo"*. Si decides estar con alguien o para alguien, hazlo, y ya. Si como medio de defensa ante un argumento HBI tienes que puntualizar eventos donde también tú has estado, hecho, apoyado, simplemente los puntualizas y ya.

Lo complicado es el saber si lo que estás haciendo es realmente lo mejor para quien amas, o para alguien a quien aprecias mucho. Un ejemplo muy simple: supongamos que esa persona con quien quieres pasar más tiempo requiere aprender fotografía, en verdad quiere aprender y tú sabes algo, pero no eres experto. ¿Qué haces? Tienes varias opciones, sabiendo que tu tiempo es muy limitado por carga de trabajo de próximos meses: 1. Decirle que tú le ayudas, que encontrarás espacios para estar con ella, sabiendo que no eres experto. 2. Recomendarle un curso, pero sabiendo que ahí podría conocer a otras personas interesantes. 3. Decirle que te gustaría ayudarle pero que no tienes tiempo y que mejor no tome cursos porque solamente gastará dinero y no le servirán de mucho (cuando en realidad por celos no quieres que conozca otras personas). 4. Decirle que luego lo platican y dejarla con la inquietud... o bien, **5**. (Esta es la buena) Decirle que durante dos o tres semanas tú le ayudarás compartiéndole lo que sabes para que puedan estar al mismo nivel, al tiempo que buscas lugares muy bonitos para ir con ella a pasar el tiempo juntos y tomar fotos; después te organizas para encontrar un curso que también a ti te pueda servir, tal vez un intensivo de uno o dos fines de semana, para los que vas planeando tu agenda en el trabajo para poder participar tú también, y luego con las personas que conozcan preguntas por "excursiones de fotografía" para que puedas salir con ella otros fines de semana a practicar el tomar fotos... ¡Sí, tomar fotos! ¡Solamente eso!

Si todo resulta como planeaste, ¡muy bien! Si no, simplemente te mantienes ocupado en lo que a ti te corresponde. Una reacción del tipo HBI es frustrarse porque un plan que tenías en pareja no resultó como esperabas, por diversas razones que no dependieron ni de ti ni de tu pareja.

En algún momento en la historia existió algo que se llamaba "**cortejar**", y en conjunto con ello una experiencia denominada "**enamoramiento**". Ambos tomaban tiempo, e incluían un conjunto de detalles, experiencias, momentos planeados y otros espontáneos, pláticas, diferencias, tiempo juntos, tiempo sin verse, etc., hasta que poco a poco, lentamente, detalle a detalle, las personas se iban enamorando.

Ahora todo parece que tiene que ser instantáneo: *"¡O funciona, o no funciona!"*.

El amor no es así. Como parte del **cortejo** puede ser necesario de pronto tener cierta distancia. Como parte del **proceso de enamoramiento** sirve también el tener de pronto alguna diferencia. Solamente un HBI piensa que todo tiene que salir bien, a la primera y exactamente como él o ella quieren, para tomarse una selfie y publicarlo en sus redes.

Alguien que ha trascendido el pensamiento HBI sabe que **el cortejo y el enamoramiento son procesos que requieren tiempo**, y que es más que importante disfrutarlos, porque si acaso te das cuenta de que has encontrado a la persona idónea con quién pensar en un proyecto de largo plazo juntos, ese proceso podría no repetirse. Aprovéchalo.

Enfócate en hacer lo que te corresponde, que es dar. Sé consciente de todos los posibles escenarios de las acciones que vayas realizando, y si en algún momento recibes una respuesta positiva, ¡muy bien! Si no, ¡sigue aprendiendo, experimentando y disfrutando el proceso!

¿Realmente existe el amor?, y si así fuera, ¿qué es?

Para no divagar ni conceptualizar asuntos abstractos, quedándonos en la ejemplificación y aplicación práctica, te contaré una pequeña anécdota de una historia que conozco de manera muy directa: mi matrimonio.

Cuando mi esposa y yo nos casamos en 2004, lo hicimos tanto por la ley civil como por la iglesia católica. Yo en ese momento me consideraba ateo, pero como mi entonces novia y su familia eran católicos practicantes de los que van a misa todos los domingos, sabía bien que no iba a haber otra manera de estar con ella sin generar conflictos innecesarios, que casarme con todo el protocolo social y religioso. Para mi no implicaba ningún problema, puesto que yo solamente quería estar con ella, y si eso era lo que había que hacer, pues con gusto lo haría. Tiempo después de casados mi suegro preguntaba por qué ya no iba a misa, y bueno, tuvo que surgir la verdad, pero eso es otra historia...

Al escribir estas líneas estamos a punto de cumplir 16 años de casados, y justo hace unos días estábamos platicando sobre el significado del matrimonio y las expectativas de pareja y amor que observamos en las nuevas generaciones. Concluimos que a nosotros nos gustaría volver a casarnos. Sí, que nos gustaría casarnos otra vez, nosotros mismos, uno con el otro; pero mediante otro tipo de ritual más personal, más nuestro, más auténtico, acompañados de las personas más especiales para nosotros. Tanto mi esposa como yo nos consideramos actualmente personas espirituales, no religiosas como tal.

Concluimos que estamos decidiendo volver a casarnos porque, primeramente, **cada uno es un ser comprometido consigo mismo, quienes tenemos una visión, un propósito, y un conjunto de actividades que nos gusta realizar en lo personal. Nos gustamos, nos amamos y nos cuidamos a nosotros mismos. Queremos aportar la felicidad y riqueza interior de cada uno con el otro, y nos elegimos mutuamente para hacerlo. Yo estoy dispuesto a comprometerme con hacer lo que me corresponda para que ella logre su visión y propósito, a la vez ella está dispuesta a comprometerse conmigo de la misma manera.** Si acaso hubiera problemas y dificultades, las seguiremos superando, y si hubiera más momentos maravillosos, qué mejor que disfrutarlos estando en compañía uno del otro. No nos echamos para atrás, no nos rendimos. Nuestro compromiso con el otro es para hacer que este proyecto juntos funcione, hasta que la vida misma elija que ya no debemos seguir aquí. Comprendemos que nuestras familias y amistades son distintos perfiles de personas entre sí; no nos interesa cambiarlos ni que vean la vida como nosotros, sino simplemente disfrutar su presencia en nuestras vidas.

Adicionalmente, nos queremos volver a casar porque, si acaso sucediera una nueva cuarentena por una nueva pandemia global, uno para el otro somos la persona ideal con quien quisiéramos compartir esa experiencia.

Esto es el amor para nosotros.

He comprendido que una ceremonia de matrimonio, mucho más que el ritual religioso o legal civil, es la manifestación, la declaración formal y pública del compromiso personal y para con el otro, así como una oportunidad única y especial de hacer testigos a los seres queridos y a la sociedad de ese compromiso tan importante para la pareja.

Puedes creer en el amor, o no.

Puedes seguir como hasta ahora, o puedes ajustar algo.

Puedes creer y hacer lo que quieras, es decisión tuya.

El amor verdadero en pareja es sentimiento, es razón, es crecimiento, y es evolución que viven cada uno en lo personal, pero estando acompañados.

08 - La incesante búsqueda y a cualquier costo de aceptación, popularidad y fama

La era HBI es aquella donde una de las causas de muerte es tomarse selfies

- *"Naaaaa... ¿es en serio?"*

- *"Es más, ¡mira!"*

- *"¡Me tomaré una selfie en ese risco justo en la parte más alta del acantilado porque se ve que está padrísimo!, ¡nadie más tendrá una así!"*

- *"Oh... oh.... espera... ¡Ahhhhhhhhhhhhhhhhhhhh...!".*

- Adiós mundo. Un HBI menos.

La era HBI es aquella donde, independientemente de las fotos que veas en el perfil de redes sociales de quien que te gusta, tienes que prepararte para todo tipo de sorpresas cuando le conozcas en persona

- "¿Qué pasa?, ¿te sientes bien?, ¿te la estás pasando bien?"

- "Es que, bueno, ¿cómo te digo?... te ves diferente en tus fotos. ¿Y si mejor seguimos platicando en redes sociales?, es que además estaré fuera por trabajo como... 5 años."

La era HBI es aquella donde, aunque conozcas en persona a quien te gusta, no hay certeza de que lo que observas, tocas y besas sea real

- "Oye, pero ¿por qué nuestro hijo sacó esa nariz, pómulos y barbilla, si ninguno de nosotros está así?, ¿acaso me engañaste con otro?"

- "No mi amor cómo crees, es que... bueno, yo antes era, mmm, cómo decirlo... diferente."

En esta era tú puedes decidir libremente quién quieres ser, cómo quieres modificar tu cuerpo, cómo te quieres ver, cómo quieres vivir tu vida, dónde vivir, y con quién

Es cierto, vivimos una era con demasiadas libertades, aunque no las mismas en todos los países ni disponibles para todos los sectores de la población. El HBI ha trabajado, como acostumbra, en utilizar conocimiento, ciencia y tecnología para ser capaces de transformar todo... ¡pero lo superficial!, sin enfocarse en aquellas cuestiones que realmente importan como: **¿quiénes somos?, ¿qué hacemos aquí?, ¿a dónde vamos?, ¿qué es la vida?, ¿qué es la muerte?, ¿qué es el amor?, ¿cómo garantizamos nuestra supervivencia como especie?**

Es decir, que se cuenta con la tecnología para transformarte físicamente en lo que quieras, siempre y cuando puedas gastar miles o cientos de miles de dólares para lograrlo, pudiendo incluso ser noticia en varios medios de comunicación a los que les interesan este tipo de historias, y ganando seguidores en redes sociales quienes igualmente no están conformes con su imagen.

Puedes hacer todo esto, ¡y más!, pero seguirás igual que antes interiormente. Esto significa que, si estabas deprimido, infeliz, solo (en el mundo real) y sin propósito de vida, seguirás igual. Eso no cambiará.

Considera con mucha atención lo siguiente:

- No existe cirugía plástica que sea capaz de lograr que **en verdad te aceptes**. Tampoco existe aplicación de fotografías con los filtros más avanzados que sea capaz de lograrlo. Tampoco hay rutina de ejercicio ni gimnasio ni dieta que lo puedan conseguir.

- No hay logro, premio, título, problema resuelto, competencia ganada, o reconocimiento capaz de **llenar tu interior** ni de hacerte sentir verdaderamente **satisfecho**. Tampoco existe compañía lo suficientemente especial como para llenarte ni hacerte sentir **completo**.

- No existe lugar lo suficientemente lejano a dónde puedas ir para **escapar de ti**, ni de tus demonios internos.

- No hay máscara ni ropa ni filtro de aplicaciones de fotografía tales que puedan resolver tus **inseguridades**.

- No existe atuendo de diseñador ni accesorios ni automóvil ni avión privado ni yate ni mansión que sean capaces de resolver tu falta de **riqueza interior**.

- No hay dinero suficiente en todo este planeta que pueda comprar **respeto, honor, amistad, cariño, salud, o amor**.

- No existe todavía una máquina del tiempo que permita viajar al **pasado** para arreglar lo que consideras son tus peores errores, ni al **futuro** para asegurarte que todo saldrá como lo estás planeando.

- No hay gurú lo suficientemente iluminado como para que tome **decisiones** por ti, ni para resolverte tus problemas.

Solamente tú puedes encontrar quién eres, qué haces aquí, a dónde vas, y para qué.

El sistema económico HBI ha realizado tal nivel de esfuerzo para convertirnos en consumidores, que hay quienes por ejemplo con esta pandemia se encuentran sufriendo porque no pueden estar comprando las trivialidades a las que están acostumbrados o viajando, aunque tienen todo lo necesario para vivir y hasta de sobra. Están tan acostumbrados a vivir hacia afuera (en redes sociales, buscando que les den Like), que no pueden estar consigo mismos. O bien, aunque no tengan tanta actividad en redes sociales, sufren porque no pueden estar pasando el tiempo que acostumbran con sus amistades, porque así es como mantienen a su mente entretenida, ya que no saben estar consigo mismos.

¿Por qué buscamos aceptación, popularidad y fama?

Una parte de la respuesta es simple: porque así fue diseñado el sistema social y económico donde nacimos. Este sistema premia y reconoce a quienes logran aceptación, popularidad y fama. Los premia más en la medida que más lo alcanzan. En mayor o menor medida, son ideas que desde nuestra infancia se han ido fortaleciendo gracias a nuestros padres, maestros, hermanos, amigos y compañeros.

La otra parte es un poco más complicada: porque aceptamos ser parte de ese sistema. Es complicada porque para muchas personas no fue una decisión completamente consciente. Fue más bien simplemente el seguir la corriente, hasta que sin darnos cuenta ya estábamos completamente inmersos en ella. Hay quien en verdad cree que así son las cosas, que así deben ser y que no hay porqué cambiarlas; son personas que muestran solamente máscaras ante la sociedad, en el trabajo y en sus redes sociales, y que en verdad creen que eso está bien, que es lo normal.

Los paradigmas o creencias fundamentales que este sistema socioeconómico ha grabado en nuestras mentes son del tipo: *"Si eres exitoso, te sentirás satisfecho, y ¡serás feliz!"*, *"El éxito va de la mano con la popularidad y la fama. Uno fortalece al otro."*, y *"Para alcanzar popularidad, fama y éxito, es necesario e indispensable ser aceptado por la sociedad."*

Son paradigmas enfocados solamente hacia afuera: para hacer cosas y generar con ellas una buena percepción de los demás hacia nosotros. **No están orientados en facilitar nuestro autoconocimiento profundo.**

No nos atreveríamos entonces a ir contra corriente, a no ser aceptados, ¿verdad? Porque eso nos complicaría terriblemente alcanzar nuestras metas. *"Es mejor encajar y no buscarse problemas"*, dicen muchas personas, incluidos en algunas ocasiones nuestros padres y maestros.

Para el mismo sistema socioeconómico existe una contradicción enorme: por un lado, alaba la innovación y la creatividad, ya que son la base del progreso, pero por otro dice que debes ser parte de lo mismo; es decir, que espera seas capaz de crear lo que nadie ha creado, haciendo lo mismo que hacen todos los demás. Así es el mundo del HBI, lleno de contradicciones monumentales.

Durante toda la historia han existido aquellos líderes cuyo perfil ha sido tan diferente, tan opuesto a la corriente de pensamiento de su época, tal que terminaron siendo los líderes con el mayor reconocimiento y trascendencia. Piensa por ejemplo en una persona a quien admires y que haya podido lograr gran reconocimiento, en el ámbito que sea. Bien, ahora pregúntate lo siguiente:

1. ¿Es una persona **única**, o es como los demás?
2. ¿Aparenta ser alguien que no es, o es **auténtica**?
3. ¿Logró ser reconocida porque siempre estaba buscando cómo llamar la atención de los demás para ser aceptada y así lograr popularidad y fama?, ¿o más bien tuvo que **arriesgarse a ir en contra** de lo que la mayoría decía y hacía, porque había encontrado una manera de alcanzar **mejores resultados** y sabía que podía lograrlo?
4. ¿Dedica tiempo a ponerle filtros a sus fotos para buscar verse "mejor", o se muestra tal y como es?
5. ¿Dedica tiempo a hacer videítos chistosos para lograr unos Likes?
6. ¿Dedica más tiempo a redes sociales que a trabajar en sus proyectos, o se enfoca en sus proyectos?

Desde hace algunas décadas, pero especialmente en los últimos años, a nivel global han surgido cada vez más personas que han trascendido el mundo HBI, quienes disfrutan ser auténticas y no se preocupan por la percepción de la mayoría sobre ellas. De hecho, están por todos lados. Si observas cuidadosamente, te darás cuenta de que en cada lugar de tu país puedes encontrar a esas personas que están haciendo algo diferente, precisamente porque se atrevieron a ir contra corriente y demostraron que podían crear cosas mejores que las existentes.

En un mundo lleno de lo mismo, lo que llama la atención a estas personas es lo auténtico, que tiene una personalidad única, que tiene un contenido inigualable, que se expresa con naturalidad, que es libre de paradigmas y prejuicios, que es capaz de ver similitudes y oportunidades donde los demás solamente ven diferencias y posibles problemas.

¿Y qué podemos hacer si este mundo está dominado por los ricos, guapos, poderosos e inteligentes?

Primeramente, date tiempo para ti, para hacerte esas preguntas fundamentales y muy profundas sobre ti mismo y la vida. Date tiempo, y mucho mejor si lo conviertes en un hábito cotidiano.

Es en serio. Es más, ve a meditar sobre ello y luego regresas a esta lectura...

¿Sí lo hiciste?

¿En serio?

Ok, tú eres honesto contigo mismo.

Sigamos.

En alguna ocasión me invitaron a impartir una conferencia en cierto evento. El tema de la ponencia tenía que ver con el camino que realiza un emprendedor en el área de innovación tecnológica para lograr tener su producto en el mercado, habiendo iniciado desde cero. Aproveché también para brindar algunas recomendaciones sobre cómo aprovechar la etapa universitaria, con enfoque integral para la vida.

Al finalizar, se acercó un estudiante quien me hizo una pregunta que queda muy alineada con este capítulo:

Estudiante:

Yo soy un estudiante de escasos recursos, soy originario de una comunidad donde no tenemos pues, casi nada. Cuando me veo en el espejo, sé que no soy guapo y las muchachas no se fijan en alguien como yo, menos las más bonitas. En la escuela, aunque hago mi esfuerzo, no soy el que más destaca. No soy muy bueno en deportes y no me es fácil expresarme en público. ¿Qué me recomendaría, qué podría alguien como yo hacer, para tal vez un día lograr convertirme en alguien que si bien no pueda aspirar a convertirse en un emprendedor tecnológico exitoso, sí pueda llegar a ser un buen profesional y tener una vida pues, bien?

Mi respuesta:

Primeramente, te felicito, porque aquí estás expresándome esto. Sé que es algo muy personal, además de que me dices que eres introvertido, y sin embargo te has abierto conmigo para expresarlo. Mira cuántos de tus compañeros ni pusieron atención, otros solamente estaban pensando en qué actividad sigue, y otros apenas terminamos la charla, se fueron.

Tus acciones demuestran que quieres trabajar en ti, y eso es el primer paso: ser consciente de nuestra realidad. El segundo paso es conocernos, hacernos esas preguntas importantes sobre la vida, y veo que también ya lo estás haciendo. Sigue con ello, porque el poder responder a esas preguntas no creas que es un ejercicio de una vez; sino que es algo que se sigue ajustando y ajustando durante el resto de la vida. Una vez que comienzas a platicar contigo, ese diálogo nunca termina, y cada vez se pone mejor, jejeje.

El siguiente paso es plantear una visión (a dónde vas), siendo muy realista de tu situación actual, y trazar los primeros pasos. OJO: Solamente los primeros. Ahorita no es momento para saber hasta dónde podrás llegar en esta vida; solamente ocúpate en el siguiente paso, y luego en el siguiente, y así durante el resto de tu vida.

Sobre los siguientes pasos, toma en cuenta por favor lo siguiente:

1. **No eres tú quien decidió que nacieras donde naciste, con las circunstancias que hayan sido**. Sin embargo, **sí eres tú a quien le corresponde decidir qué hacer ahora**: si aprovechas tus estudios al máximo, por ejemplo, participando en concursos aunque no busques ganar, sino el aprendizaje y como un medio para conocer personas talentosas; o bien involucrándote en distintas iniciativas de cosas que te llamen la atención, apoyando a docentes en proyectos

que te ayuden a saber más, entre otros. **Ya estás estudiando, ya estás aquí, de ti depende qué tanto lo quieres aprovechar.**

2. **No eres tú quien decidió tener la imagen física que tienes, pero sí eres tú a quien le toca decidir qué hacer contigo mismo a futuro.** Tal vez tu cara no sea la más atractiva, pero puedes trabajar en tu físico e imagen en general, puedes potencializar tu mente, puedes trabajar en tu voz y en tu manera de expresarte, puedes aprender sobre algún tema o actividad interesante. En el caso de las muchachas, no te preocupes mucho si ahorita no eres su mejor opción. Tú ocúpate en trabajar en ti al máximo. Si lo haces así, claro que en algunos años seguirán habiendo muchachos más guapos que tú, pero ahora tú serás alguien que físicamente se verá mejor, quien tendrá gran tema de conversación y sobre varios asuntos, quien sabrá expresarse, quien será divertido, quien tal vez ya tendrá un trabajo decente, y quien sabrá comportarse como un caballero al tratar a una dama. **¿A quién crees que preferirán las muchachas? ¿Al solamente guapo, o al que lo único que le falta es tener un rostro atractivo?**

3. Tal vez **ahorita no tienes ni gran conocimiento, ni buenos contactos,** ni dinero. Ok, pero no lo veas como un asunto eterno, sino como algo que solamente ocurre en este momento. **No eres pobre ni desconocido, sino que en este momento de tu vida te encuentras con ciertas circunstancias temporales.** Observa la vida como un proceso largo, no como una fotografía (instantánea). En el caso del conocimiento, si hay algo que no sabes, pues ¡ponte a estudiar! Con el tiempo irás adquiriendo más conocimiento y experiencia. Con respecto a los contactos y relaciones interpersonales en general, ahorita por ejemplo ya estás practicando; mira, el hecho de acercarte y preguntar es una manera

de practicar, a la vez que generas nuevos contactos. Sigue practicando así tanto en tu escuela como en eventos, concursos, congresos, etc. Si practicas más y más, te aseguro que un día hasta olvidarás que eras introvertido. Con respecto al dinero, lo importante es comenzar. Los primeros trabajos generalmente pagan mal, pero son la puerta para que alguien te conozca, para que alguien te vea. No los valores según lo que te paguen en un inicio, sino como la oportunidad de aprender algo que te servirá en el futuro, y de conocer personas que pudieran vincularte a mejores oportunidades. **¡Lo importante es iniciar!, y sabe que en algún momento todos tuvimos que iniciar.**

4. Finalmente, sé que **son muchas cosas por hacer, pero no las tienes que hacer todas al mismo tiempo ni con la misma intensidad o enfoque**. La semana tiene cierto número de horas, que en total son 168, y de esas horas tienes que quitar las que corresponden a descanso, alimentación, necesidades básicas, la escuela, y otros. Luego, sabrás cuánto tiempo te queda para trabajar en lo que sea más importante para ti. Conforme pasen semanas y meses, podrás ir ajustando tus prioridades. Las prioridades ni son eternas ni tienen porqué serlo. Se van ajustando según la etapa de vida que estés viviendo. **Disfruta el camino. El resultado llegará, tú ocúpate en seguir caminando.**

Cuando tienes contenido auténtico, único y especial, adornarlo es, de hecho: INNECESARIO.

Atrévete a ser quien realmente eres.

09 - ¡Resolvamos el mundo! ¿Cómo? ¡Con movimientos y activismos ideológicos!

Ser pro-medio ambiente, pro-género, pro-derechos humanos, pro-gresista, etc., ¡Es lo de hoy!

Una **ideología** es el conjunto de **ideas** que caracterizan a una persona, escuela, colectividad, movimiento cultural, religioso, político, etc. Es un conjunto normativo de **emociones, ideas y creencias colectivas** que son compatibles entre sí y están especialmente referidas a la conducta social humana. Las ideologías describen y postulan modos de actuar sobre la realidad colectiva, ya sea sobre el sistema general de la sociedad o en uno o varios de sus sistemas específicos, como son el económico, social, científico-tecnológico, político, cultural, moral, religioso, medioambiental u otros relacionados al bien común.

Veamos: "Conjunto de **emociones, ideas y creencias**...", Mmm, ¿y nada relacionado con que estén acorde a la realidad, que sean totalmente congruentes entre sí mismas y con su entorno, que respeten las leyes físicas, biológicas y químicas de este mundo natural y universo del que somos parte? Es más, ¿nada relacionado con que sean verdad?

Pues no, mientras capturen la atención y sobre todo ensalcen las emociones de quien las sigue, fomenta y difunde, al grado de estar dispuestos a pelear por defenderlas, ¡es mucho mejor!

Un **movimiento ideológico** es un colectivo numeroso, adoctrinado con alguna ideología, enfocado en realizar distintos tipos de **activismos** como protestas, publicaciones en redes sociales, videos, reuniones masivas, ya sea físicas o virtuales, entre otros, para dar a conocer su movimiento, atraer más miembros, e intentar modificar la percepción de la sociedad a favor de su movimiento (que sea aceptado y que lo apoyen).

El HBI lo que busca es creer en alguien o en algo, y sentirse parte de ese algo. No le interesa realmente comprender.

Pongamos un ejemplo, donde están conversando Pepe y Juanito:

Pepe: "¡Juanito!, ¿Ya viste? El planeta se está calentando y existe suficiente evidencia científica como para validar que la actividad humana es responsable. ¿Qué hacemos?"

Juanito: "Bien, pues, ¡ya sé!, ¡reunámonos todos en un lugar importante para protestar! ¡No podemos seguir así, estamos acabando con el planeta que es nuestro hogar! ¡Haremos que todos nos escuchen!"

Pepe: "Ok, pero ¿y cómo protestaremos?"

Juanito: "Ah, pues para hacerlo requerimos viajar al lugar donde realizaremos la protesta (en transporte que utiliza combustibles fósiles), también ocupamos comprar comida rápida en el camino y botellas con agua o refrescos (que generan basura), o también podemos llevarla cada uno (en bolsas de plástico y otros envases desechables). Además, será idóneo construir pancartas y repartir volantes (que se convertirán igualmente en basura)."

Pepe: "Oye **Juanito**, pero ¿y qué lograremos con eso?"

Paulo César Ramírez Silva

Juanito: "Bueno, pues, ¡es que no podemos seguir así! ¡Nos tienen qué escuchar! ¡Ya estamos hartos!"

Pepe: "Ok, pero… ¿Y qué lograremos con eso? Mira, hay personas que no protestan así como sugieres, pero están creando tecnología basada en conocimiento científico que ayuda por ejemplo a crear energías renovables tanto para automóviles, el hogar, transporte público y de carga, para el hogar, para limpiar los océanos, para tener más agua potable, aire limpio, para mejorar la industria y suministro de alimentos, para procesamiento de basura o bien para crear materiales de envoltura biodegradables, entre muchos otros. ¿No convendría mejor hacer algo así? ¿Por qué no mejor nos ponemos primero a educar a nuestras familias, a impactar con el ejemplo en nuestro círculo social inmediato, y a crear algún tipo de tecnología que reduzca nuestra **huella ecológica**?"

Juanito: "Bueno, ¿estás con nosotros o qué?, ¿o acaso ahora me vas a salir con los mismos cuentos de esas corporaciones multimillonarias que quieren mantenernos a todos bajo control? Los demás vamos a ir, porque ¡tenemos que actuar para que las cosas cambien! ¿Por qué no lo ves?"

…

¿Conoces alguna historia semejante?

Este capítulo integra lo que hemos visto al momento, relacionado con pensamiento de sistemas, relaciones causales sistémicas, saber identificar y plantear problemas, diseñar soluciones sistémicas enfocadas en causas raíz. Todo ello, estando siempre enfocados en comprender una situación mediante la validación de hechos, aplicando el método y conocimiento científico, eliminando supuestos generados por creencias, sesgos y falacias.

Entonces, es tiempo de comenzar a practicar.

I don't want to believe. I want to KNOW.

"Yo no quiero creer, yo quiero saber, yo quiero comprender.", es una frase del célebre Carl Sagan, quien fue un astrónomo, astrofísico, cosmólogo, astrobiólogo, escritor y divulgador científico. Es él quien inició con la serie de televisión de divulgación científica "Cosmos" en 1980, que en 2014 lanzó nuevamente el astrofísico Neil deGrasse Tyson.

Es mucho más sencillo el camino de creer que aquel que lleva a saber y a comprender. Por ello el HBI prefiere creer, y se altera increíblemente cuando le presentas información que desmiente sus creencias.

Te invitaré a que realices el siguiente ejercicio. Si eres estudiante o docente de alguna institución académica con quien tenemos un convenio de colaboración vigente, posiblemente tendremos alguna sesión en vivo para retroalimentarlo. Si no es así, no te preocupes, con lo que hemos visto al momento tienes la información suficiente para poder realizarlo, y tú mismo obtener tus conclusiones.

Paso 1: Escoge un movimiento ideológico.

Existen bastantes que puedes elegir, como el socialismo, el capitalismo, el feminismo, los pro-aborto o pro-vida, los neonazis, los veganos, los terraplanistas, los conspiracionistas de cualquier tipo, los anti-lo que sea, los pro-lo que sea, etc., etc. En verdad existen bastantes opciones.

Paso 2. Identifica su opuesto.

Este ejercicio lo realizarás también para su opuesto, así podrás ponerte tu mismo (a) en ambas perspectivas opuestas. Esto hará todavía más interesante y relevante este ejercicio. Si no encuentras un opuesto como tal, elige alguno que contradiga uno o varios de sus postulados clave.

Paso 3. Análisis sistémico para ideologías opuestas.

Para cada movimiento ideológico y su contraparte, responde las siguientes preguntas, poniéndote en la postura de **escéptico**, para la que solicitas evidencia, no solamente palabras. Si así lo deseas, puedes incluso animarte a realizar estas preguntas a alguno de los fervientes seguidores de la ideología "pro" y la ideología "contra":

1. ¿Qué buscan? ¿Cuál es su propósito y sus objetivos? ¿Cómo podrían identificar y medir si ya los lograron, o bien en qué medida van progresando para alcanzarlos?
2. ¿Cuál es el problema o los problemas que desean resolver?
3. ¿En qué fundamentan sus argumentos para identificar y plantear los problemas en los que están enfocados?
4. ¿Cómo los están atendiendo en el presente? ¿Qué hacen en el presente para resolver esos problemas?
5. ¿Están logrando su propósito y objetivos? ¿Existe evidencia tangible, o sus resultados se basan solamente en percepciones de sus mismos seguidores y discursos igualmente ideológicos?

Ahora, por cuenta propia **cuestiona las respuestas que has encontrado o bien que te han brindado,** preguntándote lo siguiente:

1. ¿Están identificando un problema real, o es una creencia? ¿Se están enfocando en el problema, o en un síntoma de un problema mayor o más profundo?

2. ¿Están identificando causas raíz?

3. ¿Existe relación causal entre lo que están haciendo en el presente y los problemas que quieren resolver?

4. ¿Existe congruencia entre las respuestas que te brindaron o que encontraste investigando en Internet, o identificas alguna incongruencia? ¿Observas alguna incongruencia de altísimo nivel?

5. ¿Consideras que tendrán éxito en su movimiento? ¿Por qué sí, o por qué no?

Para finalizar con este paso, realiza un **análisis sistémico del problema** que desean resolver, respondiendo a las siguientes preguntas:

1. Luego de conocer ambas perspectivas, el fundamento que cada una presenta y los problemas que quieren resolver, ¿qué problema es el que tú identificas? ¿Qué fundamentos, referencias, hechos o argumentos tienes para sustentarlo?

2. ¿Qué causas raíz identificas para ese problema o problemas que has identificado?

3. ¿Qué soluciones se te ocurren para resolver ese problema?

4. ¿Cuáles observas que serían las más factibles, y por qué? ¿Qué relación existe entre ellas?, ¿se fortalecen o se debilitan una con otra y en qué medida?

5. Finalmente, ¿cómo resolverías tú esos problemas? ¿Qué acciones y pasos a realizar? ¿Qué recursos necesitas (humanos, materiales y económicos)? ¿Qué riesgos identificas y cómo los minimizarías?

Paso 4. Conclusión.

Ya que conociste ambas perspectivas y tú mismo te aventuraste a analizar la situación con una visión externa, sigue la parte más importante del proceso de generar un pensamiento crítico, fundamentado y personal:

¿Qué les sugerirías a ambos movimientos para comprender y resolver mejor los problemas o situaciones por los que están involucrados en tales movimientos ideológicos?

¿Te atreverías a presentarles esa sugerencia, a cada uno por escrito? ¿Por qué sí, o por qué no?

Cuando se es capaz de observar un asunto desde afuera, con una perspectiva amplia, con la menor carga de sesgos y falacias, y con enfoque de sistemas, se pueden encontrar similitudes donde aparentemente no las hay, y oportunidades donde otros solamente ven problemas. Adicionalmente, cuando podemos conocer a las personas que militan en distintos movimientos ideológicos nos podemos dar cuenta que sus propósitos más fundamentales son legítimos e incluso nobles, que el problema radica en la forma en cómo están percibiendo al mundo, la sociedad, y las estrategias que están empleando.

Entonces,

¿Observas similitudes entre esas perspectivas aparentemente opuestas? ¿Dónde? ¿Cómo se te ocurre que podrían percibirse mutuamente como complementarias y no como enemigas?

¡Muy bien!

Ahora ya has puesto en práctica algunos de los conocimientos más importantes de este libro. Sí te recomiendo mucho realizar el ejercicio y poner tus respuestas por escrito. Aunque creas tener algunas respuestas en tu mente, recuerda que tal vez sin querer podrías caer en distintos sesgos y falacias. Si uno está comprometido con saber y comprender, se es consciente que se requiere tiempo para investigar, para animarse a conocer a las personas que militan en esos movimientos ideológicos pro-algo y contra-algo, y para realizar los distintos análisis.

¿Lo hiciste? ¡Bien! El beneficio es para ti.

10 - ¡Que todos accedan, opinen y difundan lo que se les antoje en redes sociales! ¡Que las corporaciones ganen por mantener conectados a sus usuarios! ¿Qué es lo peor que podría pasar?

Efectivamente, ¿qué es lo peor que podría pasar?

Es cierto, no podemos meternos con la denominada "libertad de expresión", porque se nos juzgaría de varias formas que no son nada agradables.

La libertad de expresión tiene su razón de ser. Supongamos que nosotros fuéramos firmes promotores del movimiento **terraplanista**, es decir, que creyéramos y difundiéramos que la Tierra es plana y que existe una conspiración para ocultar la verdad. Bien, aunque estuviéramos ganando dinero por ello, pero lo hiciéramos porque creyéramos en todo eso de manera auténtica, honesta y congruente para nosotros; si se nos censurara se fortalecería todavía más nuestra creencia en las conspiraciones, además de que nos sentiríamos excluidos de la sociedad y tendríamos más motivos para considerar como enemigos a quienes nos censuran... y a la sociedad misma. Piensa en Juanito, ¿cómo crees que tomaría el ser rechazado constantemente por las ideas que defiende?

Recuerda que para el HBI una fantasía puede ser más real que la realidad misma (una ideología, un dios, un sentimiento, un ajuste de cuentas, etc.). Si lo cree profundamente, eso es razón más que suficiente para pelear y arriesgar su vida. Todas las guerras tienen su origen en la persecución de fantasías HBI. ¿Por qué me atrevo a generalizar que "todas las guerras"? Bueno, porque de entrada **un par de seres que son verdaderamente conscientes, competentes e inteligentes, no tienen por qué pelearse ni entre ellos ni con nadie**. Saben que existimos en un mundo y universo cuyas leyes permiten establecer planes, proyectos y acuerdos donde **todos ganan**. Solamente el HBI cree en leyes del tipo *"Yo gano - Los demás pierden"*, o *"para que uno gane el otro tiene que perder"*, y todas sus variantes. Ahora, es cierto que uno de ellos podría ser un HBI que quiere pelea y ataca. Entonces el otro tendría qué defenderse, pero finalmente estaría de por medio una fantasía HBI.

Necesitamos aprender a convivir con la libertad de expresión, y con los HBI. Una mayoría son simplemente ignorantes o inconscientes, y muy muy pocos son verdaderamente intencionalmente malvados.

Afortunadamente, en mayor o menor medida las grandes empresas tecnológicas ya están actuando para regular la información que se comparte en sus plataformas. Ya han surgido estudios, documentales, demandas legales, noticias y distintos movimientos para contrarrestar la propagación de información falsa o tergiversada. Como la población ya está reaccionando, eso también les está impactando en los resultados en la valuación de acciones en la bolsa de valores, en su posicionamiento de marca, y en la imagen que sus fundadores tienen con la sociedad.

¿Te imaginas, por ejemplo, que Jack Dorsey, CEO y cofundador de Twitter, lo hubiera creado pensando que su plataforma iba a ser "El coliseo virtualmente sanguinario donde todos podríamos entrar a pelearnos a morir con quien quisiéramos todos los días"? ¿Crees que es uno de los multimillonarios que están conspirando para crear un nuevo orden mundial? En realidad, es un programador de computadoras que en algún momento de su vida incluso fue modelo, a quien le gusta el diseño de moda, el yoga, la meditación y un estilo de vida saludable. Ha vivido experiencias como pasar 10 días en un encierro de meditación Vipassanā. También es filántropo. ¿Sorprendido?

De cualquier manera, en el presente, el saber identificar información falsa o tergiversada todavía sigue quedando principalmente como una responsabilidad de la población, y quedará durante algún tiempo.

¡Malditas redes sociales y tecnología que atontan, que confunden y que dañan a mis hijos, a mis estudiantes y a toda la población!

Seamos todavía más claros con este argumento que sostienen algunas personas, brindando primero un ejemplo y luego la conclusión:

Cuando a niño inteligente y curioso se le acerca cualquier artefacto que tiene un funcionamiento que escapa a su comprensión, si bien juega con él un tiempo (puesto que es un niño), pasando un rato se pregunta: ¿cómo funciona esto?, ¿qué hay adentro que lo hace funcionar?, ¿qué más podría hacer?, ¿podría yo hacer que realice otras funciones? Entonces comienza a experimentar con el artefacto. Si era un simple radio, lo abría para luego intentar volver a armarlo. Si era un estéreo de aquellos modulares que requerían muchos cables y piezas (¿los conociste?), se ponía muy atento para ver cómo se conectaba todo, preguntando porqué un cable era rojo y otro negro, qué hacía cada módulo y cada botón, etc.; cuando tenía oportunidad abría alguno de los módulos para ver qué había adentro, y si se encontraba de pronto caminando frente a alguna tienda de revistas donde veía alguna con fotografías de ese tipo de equipos, pedía a sus padres que le compraran una. Si todavía no sabía leer bien les pedía a sus padres que se la leyeran, o bien aprovechaba para practicar la lectura. Si era un videojuego, además de jugar, igualmente investigaba por sus medios cómo funcionaban, y no solamente se convertía en un buen video jugador, sino que entendía las reglas del juego e intentaba encontrar fallas o los denominados "Easter Eggs", o "Huevos de Pascua", que son mensajes, capacidades o premios ocultos; además, aprendía el funcionamiento de los equipos tal que en ocasiones él mismo podía repararlos. Si era un celular o una tableta, aunque fuera más complicado abrirlos, podía aprender sobre las partes más importantes, configurarlos, probar todas sus capacidades y sorprender a sus amigos haciendo cosas que los demás no habían descubierto. Lo mismo con cualquier otro tipo de artefacto o aparato tecnológico. Para validar si es cierto que esto sucede, puedes preguntar a un ingeniero o científico exitoso si en su infancia hacía este tipo de cosas. Seguramente sus respuestas te sorprenderán más.

Si se trata de redes sociales, alguien inteligente y curioso se suscribe o sigue páginas y personas que desarrollan temas que le interesan, al tiempo que va suprimiendo asuntos superficiales. Puedes validar esto último muy fácil: puedes preguntar a alguien que consideres muy inteligente, curioso y capaz sobre cómo tiene configuradas sus redes sociales, para qué las utiliza y qué tipo de información le presenta su feed de noticias. Podrás validar que aparecen muy pocos memes de chistes, videítos de gente haciendo tonteras, o movimientos ideológicos.

Bien, y **¿qué hace alguien que no es muy inteligente ni curioso?** Pues, solamente se entretiene. Puede usar la tecnología más avanzada, pero no pasa por su cabeza el preguntarse cómo funciona, ni tiene el menor interés en saberlo. Se queda horas y horas, todos los días, viendo videítos, películas, series, o jugando, pero sin la menor intención de aprender cómo funciona ese sorprendente artefacto que tiene en sus manos.

Facebook y otras redes sociales son para algunas personas una fuente de información de valor y herramientas mercadológicas muy útiles para tener mayor alcance y clientes, mientras que para otras es un auténtico chismógrafo virtual, para otras es una puesta en escena virtual donde gente falsa intenta presumir sus vidas falsas (pero creen que es real), para otras es el mismo demonio porque "ahí hay pura basura", etc.

Señora, señor, maestros: la tecnología no atonta a nadie, solamente facilita y acelera el que cada uno muestre lo que realmente es.

¡Pero hay mucha pornografía en Internet! Sí, pero desde mucho antes ya había videos, revistas, películas, lugares, etc. Quien está interesado en pornografía, como sea encuentra la manera de obtenerla.

¡Pero abundan fakenews en Facebook y otras redes! Sí, pero desde los primeros registros históricos los humanos han mostrado un interés muy particular por creer en fantasías de todo tipo. Quien está interesado en creer en fantasías e ideologías, las busca y las encuentra; ya sea en el periódico, en revistas, platicando con sus amistades, en la radio, en la televisión, y ¡hasta con formas extrañas que encuentra en las nubes!

¡Pero Twitter es muy violento! Bueno, mejor dicho, es una herramienta que refleja las tendencias y comportamientos reprimidos de un importante sector de la población, quienes en persona no son capaces de enfrentar a otros, pero detrás de una cuenta de redes sociales encuentran el valor para hacerlo, con palabrotas y todo, pero estando detrás de una pantalla. El problema radica en que tenemos bastantes personas con pensamientos, sentimientos y emociones reprimidos.

¿Es la tecnología el mismo demonio y deberíamos prohibir que avance más? Bueno, y si lo vemos desde otra perspectiva: ¿qué tal si buscamos educarnos mejor, y hacemos lo mismo con nuestros hijos, con nuestros estudiantes, con nuestra familia, con nuestro círculo social? ¿Qué tal si hacemos del uso y aprovechamiento de la tecnología un tema prioritario en nuestra educación?

La creación de ciencia y tecnología demuestra nuestras capacidades únicas como especie para soñar y materializar ingeniosas ideas, es decir, para INNOVAR. El uso que le damos a la ciencia y la tecnología demuestran qué tanto estamos evolucionando como seres conscientes, o bien, qué tanto somos HBIs.

¿Cómo hacemos para saber interactuar con tanta información disponible?

Primeramente, quita por favor ese paradigma de que la culpa de todo la tienen la ciencia, la tecnología y las redes sociales.

Segundo, y repite conmigo por favor: **"Lo que se percibe en redes sociales no representa lo que pasa en el mundo real.".** Ya lo has visto en distintos eventos: en redes sociales pareciera una realidad el entorno político, pero cuando hay elecciones los votos demuestran otra; en redes sociales pareciera que nadie está haciendo nada y que hay gran pánico porque todos están promoviendo el "QuédateEnCasa", pero afuera hay gente trabajando, porque tienen qué hacerlo, con confianza y determinación. En redes sociales hay personas y organizaciones intentando hacer ver una realidad, solamente con el propósito de influir en la percepción del mundo real, para intentar cambiarlo a su antojo. Un "TT" o TrendingTopic representa solamente un tema de interés del momento, que pasa a ser obsoleto en horas. **Sí, horas**. En el mundo real muchas veces pasan de plano desapercibidos muchos de los principales TTs que generan tremendos argüendes virtuales.

Tercero. Recuerda que en el sistema económico y social en el que vivimos existen creadores y consumidores. Define si deseas ser creador o consumidor. Si solamente deseas ser **consumidor**, no te preocupes porque siendo buen consumidor aún puedes convertirte en "influencer", teniendo tu página o cuenta en distintas redes sociales, canal de YouTube, entre otros, para hablar de todo lo que consumes. Si tienes carisma y eres divertido tal vez ganes seguidores, y si logras acumular cientos de miles o millones de seguidores, podrás monetizar tu actividad en tus páginas y canales. Si no quieres convertirte en "influencer" y solamente deseas consumir, pues solamente consíguete un trabajo que te permita pagar tus distintos consumos, y sé feliz. Solamente **por favor no difundas información falsa o tergiversada. Guárdala para ti. Se te agradecerá mucho eso.**

Si deseas ser un **creador**, algunas recomendaciones:

1. Un creador pasa más tiempo creando que consumiendo, aunque claro que también requiere tiempo para consumir información de calidad que le permite facilitar y mejorar su proceso creativo.

2. Selecciona muy bien tus fuentes de información. Aunque quisieras dedicar todo el día todos los días para estar al tanto de lo último que pasa en el mundo sobre lo que te interesa, no alcanzarías, ya que la cantidad de creadores en el mundo es enorme. Elige principales

fuentes, suscríbete a ellas, y cada cierto tiempo revisa sus actualizaciones. Solamente esas, porque es muy fácil distraerse.

3. Define claramente para qué necesitas redes sociales y presencia en general en Internet. Utiliza el tiempo que sea necesario para lograr ese fin, pero no más, porque entonces estarías desperdiciando el tiempo. Eso sí, **sé equilibrado y no exageres**, ya que también es útil y conveniente el tiempo de ocio, donde puedes pasar un rato tomándote una copa mientras navegas libremente por Internet, Redes Sociales o YouTube.

4. No te enganches en debates en redes sociales a menos que seas influencer ya que, si lo eres, una de las tareas de tu trabajo es mantener tu reputación virtual. **Si tu mundo es el real**, recuerda primeramente mantener buena relación con tus colaboradores, con tus clientes, con tus aliados, con tus proveedores, y con tus seres queridos. Los asuntos importantes con ellos se revisan en una llamada telefónica o presencial, no en redes sociales.

Cuarto. Cuando leas y analices información, aplica todo lo que hemos visto en este libro. Practica mucho, todo lo que puedas. Según tu nivel de práctica, al comenzar a leer algo casi de manera instantánea podrás intuir si es real o si es falso, si es un análisis factual o si es solamente una opinión, si es relevante o no, si es ciencia o si es pseudociencia, si es información de valor o si es charlatanería, si es una situación o evento en contexto o descontextualizada, entre otros. De igual manera, podrás identificar fácilmente sesgos y falacias de todo tipo. Te divertirás mucho viendo las reacciones de tus contactos a la información que circula de noticias cotidianas sobre temas que se prestan a ser politizados fácilmente; también notarás cómo caen sin esfuerzo en distintos cuentos, fantasías y propaganda, que activan sus sensibles reacciones emocionales.

Quinto. Ayuda a los tuyos a que sigan estos mismos pasos, en la medida que deseen recibir tu ayuda. Ten siempre presente que cuando alguien ya es un férreo seguidor de una ideología, será muy complicado hacerlo cambiar de parecer. **Puedes recomendarle este libro, sin decirle la razón exacta del porqué se lo recomiendas.**

¿Cómo encontrar la verdad en un mundo donde todo es percibido como simples opiniones?

Para la comunidad HBI, toda aparente verdad es solamente una opinión. Eso es lo que creen, y lo defienden en serio.

Durante mucho tiempo en la historia, la verdad fue propiedad de sacerdotes, reyes y emperadores. Religión y poder iban de la mano, fortaleciéndose uno al otro, determinando lo que era verdad. Posteriormente, pero apenas hace algunos siglos, la ciencia fue ganando terreno hasta convertirse en la nueva dueña de la verdad. Ahora, el humanismo y ciertos movimientos sociales pretenden hacer creer que finalmente todo es relativo y que nadie tiene la verdad completa.

Una característica, y tal vez la más importante que tiene la ciencia es que es **verdad**, sea que creas en ella, o no. A la ciencia no le interesa la opinión de nadie. Se trata de realizar rigurosas observaciones, hipótesis, experimentos para demostrar las hipótesis, y validación entre distintos miembros de la comunidad científica, hasta que se tiene un descubrimiento comprobado, que genera una nueva teoría o ley. Es un proceso que toma mucho tiempo, y esfuerzo. No podemos objetar, por ejemplo, las leyes de Newton de la mecánica clásica, la velocidad de la luz, cómo funciona la fotosíntesis, cómo con CRISPR Cas-9 se puede editar una cadena de ADN, las leyes del electromagnetismo, las leyes del movimiento de los planetas, etc. No están sujetos a ninguna opinión, y no importa si estás de acuerdo, si no, o si tú tienes otra apreciación.

Aunque desde nuestra perspectiva humana esto es cierto, también es cierto que la ciencia ha generado división social, contribuyendo a que el sector de la población que no domina el conocimiento científico sienta que la ciencia es una especie de ente que todo lo sabe y que juzga a quienes están equivocados, es decir, que están **mal**. ¿A quién le va a gustar que le digan o le demuestren que está mal, especialmente cuando no entiende las respuestas que le brindan y lo muestren como a un tonto?

Existen otras maneras de hacer notar el poco conocimiento científico de quienes lo objetan, pero que demuestran seguir siendo insuficientes. Por ejemplo, en Netflix está disponible un documental muy bello donde los mismos terraplanistas demuestran que la Tierra es redonda, pero aun así algunos siguen creyendo que es plana. Así es el fanatismo ideológico. Se titula "Tan plana como un encefalograma", o "Behind the curve".

Así como este caso de los terraplanistas, otros sectores de la población comenzaron a rebelarse contra la ciencia y la comunidad científica, generando formas alternas de explicar fenómenos, y siendo apoyados por movimientos sociales que se han vuelto cada vez más intolerantes cuando alguien les señala que sus argumentos o ideologías son incorrectos (que están mal). Así comenzó a tomar fuerza una corriente humanista que a la fecha sigue afirmando con total convicción que *"cada opinión es valiosa y cada uno tiene su verdad"*, *"que tan válida es mi verdad como la tuya y la de los demás"*, que *"cada cabeza es un mundo y es muy respetable la opinión de cualquier persona"*. Pasó el tiempo, y en el presente un sector cada vez mayor de la población desconfía de la comunidad científica, porque además hay youtubers, influencers, personajes del medio artístico y distintos líderes sociales que apoyan todo tipo de teorías de conspiración. Ahora, para la comunidad HBI una teoría, ley o postulado científico son solamente opiniones de "un científico que cree que sabe mucho". En estos tiempos no puedes decir algo como "la Ley de Hubble-Lemaître establece que el universo está en continua expansión…", o bien que "el grupo de mayor riesgo para esta pandemia de COVID-19, según las estadísticas al momento es…", porque de inmediato los HBI te toman como un ser soberbio que cree que lo sabe todo, que no acepta que solamente son sus opiniones, y que no podemos rechazar las opiniones de quien piense diferente nadamás porque sí. Argumentan que cualquiera merece y debe ser escuchado, respetado y tomado en cuenta.

Bien, y ¿cómo podríamos encontrar un punto de conciliación? Brian Cox, quien es un reconocido físico de partículas, nos invita a tomar a la ciencia no como la dueña de la verdad, sino como aquella disciplina que nos dice: **"Esto es lo que hemos podido encontrar hasta ahora"**. Esta visión, además de humilde, es compatible con los movimientos humanistas y sociales previamente mencionados. Así como ya lo hemos visto durante este libro, el HBI seguirá estando dispuesto incluso a pelear por defender sus fantasías. Nos corresponde a nosotros hacer una combinación entre esta visión más humilde de la ciencia, y un enfoque tipo ese documental de Netflix donde se facilita que el creyente demuestre por sí mismo la irrealidad, incongruencia, o sinsentido de sus creencias.

Esta pandemia por COVID-19 también representa una oportunidad única, para recordar a la mayoría de la población que quienes desarrollan las estrategias de mitigación, las vacunas y los medicamentos son los CIENTÍFICOS e INGENIEROS altamente especializados; no los políticos, ni los influencers, ni youtuberos, ni líderes religiosos, ni artistas, ni socialités, entre otros.

Entre más seres humanos seamos e Internet llegue a más personas, habrá más y más información disponible, de todo tipo.

Si no comienzas ahora a definir tu relación con la información disponible y a organizarla, con cada día que pase será más difícil hacerlo.

Busca la información científica fuente de donde surgen noticias, y practica el comprenderla cada vez más. No esperes a que alguien más la interprete por ti. Si dejas que

alguien más lo haga por ti, serás presa fácil de la propaganda y la manipulación.

¡Comienza YA!

11 - Bien, muy bien, pero ¿y qué podemos hacer?

¡Hagamos un movimiento con una nueva ideología!

Je je je, ¡caíste!, ¡claro que no!

Seamos realistas: La sociedad HBI incluye a la mayoría, y son además quienes se reproducen más rápido. Por otro lado, muchos de los líderes políticos, económicos y sociales son también parte de la comunidad HBI, quienes solamente buscan más y más poder, sin importarles que no podrán lograr más que convertirse en los más poderosos y acaudalados del cementerio. Entonces, **bajo este contexto, no podemos hacer nada**. Solamente queda esperar a que la humanidad se extinga a sí misma...

¿Estarías de acuerdo en esto?

¿O crees que sí podemos y debemos hacer algo?

Bien, veamos algunas opciones:

¡Vayámonos a una isla o a un lugar alejado donde nos desconectemos de todo y de todos! ¡Construyamos una sociedad nueva bajo una perspectiva de consciencia, sustentabilidad y sostenibilidad!

Bueno, ya varios lo han intentado con distintas perspectivas, pero bajo movimientos ideológicos donde algunos han terminado como terribles experiencias. De cualquier manera, el calentamiento global es efectivamente, **global**. Siendo un evento global, no podemos escapar.

Ok, entonces ¡Preparémonos para irnos a colonizar Marte con Elon Musk!

Podría ser, pero primeramente necesitamos ser multimillonarios que puedan pagar el viaje, o bien ser científicos o ingenieros parte del proyecto, o con un nivel de especialización tal que aporte valor a algo así. Luego, es una visión que apenas se está convirtiendo en un proyecto, y además nuestro planeta todavía permite margen de maniobra para preservar las condiciones para nuestra supervivencia.

Está bien, estas opciones tienen sus complicaciones. ¿Entonces?

Recordemos que más allá de nuestra limitada percepción y entendimiento hay ciertas leyes de equilibrio natural y del universo, donde conceptos como el bien y el mal, la luz y la oscuridad, orden y caos, vida y muerte, energía y materia, espacio-tiempo y gravedad, etc., son en realidad aspectos de una misma cosa. Sin importar qué hagamos o dejemos de hacer, el planeta activará sus propios mecanismos de equilibrio cuando sea necesario... como ahora.

Esta pandemia de COVID-19 con el virus SARS-CoV-2 está dejando ya importantes lecciones para toda la población. Si bien es cierto que está causando una cantidad importante de fallecimientos, impacto negativo en la economía y otras consecuencias negativas; también nos está permitiendo hacer un alto para observar nuestro comportamiento, las increíbles incongruencias del estilo de vida moderno, y nos pone las condiciones necesarias para hacernos esas preguntas fundamentales sobre cada uno en lo individual y nuestra supervivencia como especie.

Es tiempo de retomar las bases a nivel personal

Ya estamos viendo que la vida no debe ser algo que demos simplemente por hecho. Estamos validando que somos seres increíblemente frágiles, cuyo tiempo de vida es insignificante con respecto a las escalas de la existencia de nuestra especie, planetarias y universales. Estamos aquí de paso. Solamente de paso. Es cierto que hay quien está desarrollando ciencia y tecnología para intentar "resolver la muerte", porque afirman que morir es un problema y que no hay necesidad de morir. Bien, aunque eso llegara a ocurrir, la probabilidad de que suceda durante la ventana de tiempo de quienes estamos vivos es increíblemente minúscula. Ya varios capitalistas han muerto con esta pandemia. La ciencia y tecnología actual no les ayudó ni para detener un virus menor (menor porque su letalidad comparativa con otros es pequeña).

Somos seres experimentando un pequeño viaje, y la nave en la que estamos viajando es nuestro cuerpo. Esta nave tiene un funcionamiento tan complejo, que no hemos terminado de comprenderlo, ya que muestra una extraña interrelación entre sus órganos y el fenómeno de la consciencia (mente). ¿Qué tal si entonces regresamos a las bases de la siguiente manera?:

1. Atender requerimientos biológicos esenciales.

Nuestra nave, es decir, nuestro cuerpo, requiere mantenerse en óptimas condiciones. Esta pandemia lo está demostrando, ya que la población más vulnerable es aquella con padecimientos previos y especialmente los relacionados con mantener un estilo de vida insano (obesidad, diabetes, hipertensión, enfermedades cardiovasculares, tabaquismo, etc.).

Así como tu celular, computadora, auto nuevo, entre otros, tienen un manual de uso, un programa de actualizaciones y de mantenimiento, así mismo tu cuerpo. Piensa en ese gadget o accesorio que más aprecias, que te costó mucho trabajo comprarlo; que lo cuidas, que lo limpias, que lo tienes siempre en inmejorables condiciones... **¡Así mismo cuida tu cuerpo, carajo!** ¿Quieres acaso llegar a tus 40's, 50's, o más todo jodido físicamente: enfermo, deforme, débil y sin energía? ¿Quieres seguir siendo parte del grupo vulnerable para este y otros virus?, o ¿te gustaría ser una persona sana quien aunque se infectara tendría una probabilidad mínima de pasar a un estado grave?

La investigación detallada queda por tu cuenta. Solamente me corresponde mencionar que el cuerpo necesita: nutrición equilibrada, ejercicio, descanso, algo de sol, contacto con la naturaleza, contacto con otros seres humanos, y ser apapachado. ¡Vamos! Si eres cariñoso con tu mascota, con tu auto, con tu consola de videojuegos, con tu guitarra, con tu compu, con tu bici, o con lo que sea importante para ti, ¡no me digas que se te hace cursi o inapropiado mostrar cariño a tu propio cuerpo!

¡Es tu nave durante este viaje que solamente dura unas décadas!

Además de la investigación que tú mismo harás para validar cada uno de estos puntos, puedo compartirte que yo hablo de este tema porque he podido convertirme en un ser súper sano, y que además sana muy rápido. Gracias a un proceso de trabajo interno muy profundo desde adolescente, habiendo sido un joven enfermizo, débil, alérgico, hipocondriaco y un atleta que lastimó sus rodillas a sus 20 años tal que lo dejaron médicamente inhabilitado para seguir haciendo deportes de impacto; pasé a ser un poli atleta que sigue corriendo 10 Km y medio maratón (no más distancia porque me aburro), que practica ciclismo de montaña XC y Enduro, y que levanta pesas. Casi no enfermo, tengo documentados casos donde he sanado de lesiones graves como muy pocos en el mundo, y mantengo un nivel de salud y condición física de los mejores. Mis alergias quedaron guardadas en mi archivo histórico. **¡Define tu propio programa de mantenimiento para tu "nave" que es tu cuerpo, y comienza ya!**

2. Necesitamos hacernos esas preguntas fundamentales

¿Qué soy y quién soy?

¿Qué hago aquí?

¿A dónde voy?

¿Para qué?

¿Qué es la vida, y qué es la muerte?

¿Qué es el amor?

¿Qué es la felicidad? ¿Alguna vez estaré realmente satisfecho?

¿Qué es el éxito?

¿Qué tanto quiero aprovechar mientras dure mi viaje por este mundo?

Destina el tiempo, lugar y circunstancias para hacerte estas preguntas. Nunca dejes de hacértelas. Cada cierto tiempo se irán ajustando las respuestas. Si no encuentras alguna ahora, espera un poco y sigue buscando. Es normal que no las encuentres en el primer intento.

3. ¿Quién vive dentro de mí? ¿Cómo se relaciona con mi cuerpo y mi salud integral (mental y física)?

Innumerables experimentos para validar la eficacia de medicamentos muestran que existe el efecto **placebo**. Así mismo existen también casos de personas que han podido sanar de enfermedades graves como el cáncer. Es cierto que existe una relación entre la consciencia, la mente que vive en nosotros, y nuestro cuerpo. ¿Cómo funciona? Todavía no lo sabemos. **Tenemos algunas hipótesis, pero no la respuesta científica.** Yo mismo he generado algunas hipótesis y las he probado conmigo en varias ocasiones, pero son asuntos tan personales que sería demasiado complicado el poder validar que funcionen igual en otras personas.

Date tiempo para conocer esta relación, estudia sobre tu cuerpo y sobre tu mente. Platica contigo cuando estés enfermo, intenta escuchar qué te dice tu cuerpo, qué te pide, qué necesita, y también recuérdale quién está al mando cuando quiera salirse de control, o sentirse mal. Toma esto no como algo para darlo por hecho, sino como una invitación a realizar un experimento no invasivo que puede involucrar un aprendizaje y beneficio muy importante para ti. Solamente toma en cuenta que para que este diálogo fructifique de manera tangible pueden pasar años.

¿Qué tal si nos enfocamos en garantizar las condiciones para la supervivencia de nuestra especie?

El modo de vida HBI se ha enfocado en vivir para hacer un trabajo que le permita ganar dinero para comprar cosas. Gracias a esta pandemia nos hemos dado cuenta de la increíble cantidad de esas cosas que son totalmente innecesarias, terriblemente sobrevaloradas y nada útiles.

¿Qué tal si a futuro diseñamos productos, servicios, proyectos, actividades, y en general ideas que tengan como premisa fundamental el que deben ayudar a garantizar las condiciones para la supervivencia de nuestra especie?

No nos estamos metiendo con ningún asunto social o ideológico. Me refiero a las condiciones físicas y al entorno que garanticen nuestra supervivencia como seres biológicos que somos. Es una situación grave: ¡No estamos cuidando ni el agua potable, ni el aire que respiramos, ni la calidad de nuestros alimentos, ni el equilibrio de los ecosistemas!

Imagina cómo sería el diseño de una empresa bajo esta premisa, de un proceso de manufactura, de una sociedad, de una ciudad, de medios de transporte, etc. ¿Generarían más basura de la que podemos procesar? ¿Afectarían el equilibrio de los ecosistemas? ¿Dañarían la salud de las personas? ¿Contaminarían el aire que respiramos? ¿Pondrían en riesgo el que mantengamos una adecuada nutrición?

Integra esta premisa a tu modelo de pensamiento creativo, para que todo lo que hagas cumpla con ella.

¿Qué tal si agregamos que sea fundamental el mejorar la calidad de los insumos para la vida?

Agreguemos una segunda premisa: **que toda idea o creación ayude a mejorar la calidad de insumos para la vida de nuestra especie.** Definamos la calidad de insumos para la vida como la **capacidad de facilitar la supervivencia; es decir, de hacerla más fácil, de requerir**

menos trabajo y esfuerzo, al tiempo que se obtienen mayores beneficios.

No es lo mismo generar un proyecto que requiere 2 años de trabajo para construir una carretera, que uno que solamente requiere 3 meses, con la misma cantidad de personas. El segundo nos ayudaría a conectar muchos más lugares, y como respetaría la primera premisa, sabríamos que estamos siendo sostenibles y sustentables.

No es lo mismo crear una tecnología que permita que solamente una familia tenga un mejor hogar (más resistente, más durable, más confortable), a una que en el mismo tiempo permita a cuatro familias tener un mejor hogar.

No es lo mismo crear un celular que es cámara de fotos y video, oficina móvil, centro de entretenimiento, etc., que crear solamente un teléfono.

En la era del HBI vivimos en un mundo donde tenemos los recursos y cantidad de alimentos como para que nadie en el planeta tenga que sufrir hambre, y tecnológicamente estamos a muy poco de que casi nadie tenga que trabajar, para mejor enfocarnos en crear lo que sigue para nuestra especie; como exploración espacial, mejores robots que hagan todo el trabajo por nosotros, ampliar la investigación en salud y en el funcionamiento de nuestro cerebro, entre otros. Obviamente y como seguramente lo imaginarás, no es prioridad porque para el HBI es más importante intentar salvar su moribundo sistema económico global.

Seamos arriesgados, pioneros: ¿Y si redefinimos nuestro sistema económico?

¡Uff! ¡Pero cómo te atreves a sugerir eso! ¡Esta lectura ya se convirtió en alguna visión utópica con tintes socialistas como tantas otras que se quedan en meras especulaciones, soluciones simplistas y buenos deseos!

Pues no. Estamos hablando de asuntos biológicos y físicos fundamentales, como lo necesario para la vida individual, la supervivencia de la especie y el mejorar la calidad de los insumos para la vida. **Esos son independientes de cualquier opinión, y se pueden medir.**

El sistema económico es aparentemente un asunto increíblemente complejo que deberíamos dejar así, esperando OTRA VEZ a que de alguna manera se autorregule. La historia nos brinda varios, bueno, ¡muchos ejemplos! de que no es así. No hay señales de que pueda mejorar salvo algunos parches superficiales para intentar mantenerlo "vivo". De lo que sí tenemos señales, es de que está colapsando. No hay valor real, tangible, soportado en activos físicos; ya ni el petróleo mantiene su valor. Todo se rige por un sistema de altísima especulación. La gente busca alimento y trabajo. El dinero está dejando de perder su significado.

En un inicio, el dinero surgió como aquel accesorio que representaba un intercambio de **valor por valor.** Era eso: un accesorio, y que **solamente representaba un intercambio.** Ni era importante por sí mismo, ni tenía un significado por sí mismo. Por ejemplo, si yo producía naranjas, mientras que alguien más producía ropa y otra persona producía herramientas de trabajo, el dinero facilitaba el intercambio para que los tres tuviéramos tanto naranjas como ropa y herramientas.

Detrás de lo que cada quien producía había un **esfuerzo, un trabajo** de por medio, por lo que cada uno sabía que lo **justo** era por ejemplo intercambiar 10 kilos de naranja por una camisa bien hecha, y un pantalón sencillo por un par de herramientas básicas para el campo.

Entonces, **en este intercambio había justicia, había honestidad, había un valor concreto y tangible. El dinero solamente representaba y facilitaba ese intercambio.**

En cambio, **en la era del HBI el dinero representa todo, menos valor concreto, tangible y útil**. Ahora, con la caída de los precios del petróleo, de las bolsas de valores y la crisis económica global, el dinero muestra tanto su valor descomunalmente imaginario, como su enorme inefectividad para ayudar a familias y personas a sobrevivir. Aquellos que se han ocupado en acumular cosas materiales, están validando que no pueden convertirlos fácilmente en comida, medicinas o salud. Aquellos que están terriblemente endeudados se están dando cuenta que no pasa nada si su acreedor los espera. Incluso el FMI está demostrando que se pueden "eliminar" las deudas multimillonarias de algunos países.

En momentos donde la supervivencia vuelve a ser esencial, no hay gran diferencia entre ser multimillonario o un simple trabajador que como sea puede conseguir insumos básicos para salir adelante.

¿Quién se anima a realizar un experimento, aunque sea primero a pequeña escala, de un rediseño del sistema económico?

Uno que tenga como base esta **tercera premisa: el dinero es una herramienta que representa un intercambio de valor por valor, donde detrás de ese intercambio hay honestidad, existe una verdadera correspondencia de valor, y ambas partes respetan las primeras dos**

premisas (garantizar condiciones para la supervivencia de la especie y mejorar insumos para calidad de vida).

¿Y la utilidad Apá? ¿Y la especulación Apá? ¿Y si quiero vender humo Apá? ¿Y ahora qué voy a hacer Apá? ¿Me vuelvo criminal o qué Apá?

"No me limites" … seguramente dirá el HBI, quien está acostumbrado a ganar dinero ya sea explotando a sus colaboradores y proveedores, engañando a sus clientes y accionistas, inflando el valor de todo lo que hace tanto como su verbo lo permite, o todas las anteriores juntas.

Claro que puede haber una ganancia mayor, valiéndose de la segunda premisa, ya que ahí radica la capacidad para generar innovaciones que produzcan más beneficios con menor esfuerzo. Obviamente, se incluye una importante restricción: la ganancia se generaría gracias a la capacidad de generar mejores productos, servicios, tecnología y proyectos que desde sus mismas bases nos están haciendo un mayor bien, teniéndolo además que demostrar. Si no eres capaz de generar tales innovaciones, no podrías ganar más, ya que en el intercambio la negociación es mínima. Ahí no hay margen para ganar más. Ya no podrías vender humo, ni sería conveniente joder a tu entorno aún por ignorancia, o dañar el equilibrio de los ecosistemas.

¿Alguien que se anime a realizar una implementación a pequeña escala, para irla creciendo en alcance según resultados? ¿Quién dijo yo?

¿O acaso tendremos que esperar por más desigualdad, más consecuencias desastrosas por el cambio climático, nuevas crisis económicas globales, más protestas por crisis sociales y otra pandemia?

Muy bien, va. ¿Qué puedo hacer desde mi trinchera, desde mi zona de impacto?

Algunas recomendaciones que complementan lo visto anteriormente, según el rol o los roles que puedes estar desempeñando:

1. **Estás apenas decidiendo qué carrera estudiar, o qué especialización en el bachillerato.** Elige carreras con buenas bases en matemáticas, física, biología e historia; que te ayuden a aprovechar la tecnología que tenemos disponible, o incluso mejorarla. Estas bases son las que sirven para tener un pensamiento crítico, sistémico, y están alineadas con las megatendencias de oportunidades laborales en el futuro. Son las llamadas carreras STEM (Ciencia, Tecnología, Ingeniería y Matemáticas), por sus siglas en inglés. Te recomiendo agregar la A, para que sean STEAM, donde A es de "Arts" o "Arte", para tener así una formación integral, sin descuidar las áreas de expresión artística y humanidades.

2. **Eres estudiante universitario.** Si no estás estudiando una carrera con enfoque STEAM, involúcrate en actividades con quienes las estudian, por ejemplo, con proyectos que requieren equipos multidisciplinarios. Toma algún curso o materia de ciencias básicas, para que tengas buenas bases sobre cómo funciona el mundo natural y la ciencia. Aprovecha al máximo tus estudios, poniendo en práctica en cada uno de tus proyectos lo que has aprendido en este libro. Participa en eventos, congresos, concursos. Participa también en actividades deportivas, especialmente las de equipo. Eso contribuye bastante a tu formación integral, liderazgo, competitividad y trabajo en equipo.

3. **Trabajas, en un rol operativo**. Revisa qué puedes poner en práctica de lo visto en este libro, y si tienes confianza con tu superior, recomiéndaselo. Enfócate en realizar tus actividades desde una perspectiva de vivir las primeras dos premisas, o bien integrando el pensamiento de sistemas, al tiempo que cumples con tus responsabilidades. Si lo haces y eres ingenioso, seguramente encontrarás áreas de oportunidad para mejorar tu trabajo. Si acaso no lo notan tus superiores, será tu decisión si continúas ahí o si buscas nuevas oportunidades. Cuando cambia nuestra visión, se nos abren distintas alternativas. ¡Encuéntralas!

4. **Tienes un nivel de coordinación o liderazgo medio en una organización (pública o privada)**. En las organizaciones privadas es aparentemente más sencillo crecer, ya que debería depender solamente de tus resultados, pero no siempre es así. Por ello incluyo a ambos tipos de organizaciones. Mapea el proceso o área que tienes a tu cargo desde una perspectiva sistémica, identifica problemas y áreas de oportunidad, anímate a proponer mejoras a la alta dirección. Plantéalos como a ellos les gusta verlos, con los indicadores y formato que desean. La gran ventaja de lo que hemos revisado en este libro es que se basa finalmente en asuntos relacionados con productividad, independientemente de buenos deseos para que el mundo y la sociedad sean mejores, entonces lo que sea que sugieras encerrará indicadores tangibles de mejora. Guarda lo demás para ti, y solamente muéstralo como "valores agregados" o "beneficios adicionales" (para los colaboradores, para el cliente, para proveedores, etc.). Si por alguna razón no te hacen caso tus superiores, será tu decisión si continúas ahí o si buscas nuevas oportunidades. Cuando cambia nuestra visión, se nos abren distintas alternativas. ¡Encuéntralas!

5. **Tienes una posición de Alta Dirección en una organización pública o privada.** ¡Anímate a realizar una implementación a pequeña escala sobre cómo transformar la estructura de trabajo con visión de sistemas, sostenibilidad y sustentabilidad! ¡Experimenta el crear un pequeño sistema con las premisas vistas en este capítulo! Ajústala y crécela según resultados. Cuando se ajustan paradigmas clave, cambian las reglas del juego (de la organización), y por ende toda la estructura operativa se reorganiza. Por ejemplo, con esta pandemia muchas organizaciones están validando que sí es posible que un porcentaje de sus colaboradores realicen trabajo desde casa, que sí funcionan las reuniones virtuales entre colaboradores, clientes y proveedores; dando como resultado una reducción de costos, un mejor aprovechamiento del tiempo y una mejora en la calidad de vida. Sin embargo, la realidad es que hemos tenido la tecnología disponible para hacerlo desde hace ya varios años, pero hasta ahora para una mayoría de organizaciones tuvo que existir una causa de fuerza mayor para aprovecharla. **Era solamente un paradigma**. Así existen muchos otros todavía esperando ser cuestionados. ¡Atrévete a cambiar tus paradigmas, y ve realizando modificaciones graduales!

6. **Eres político**. ¡Ya ponte a hacer algo de valor! Jeje, no te creas, pero sí. En tus manos está si deseas hacer historia al comenzar a implementar un nuevo modelo socioeconómico, que puede comenzar a muy pequeña escala, creciendo según ajustes y resultados; o si seguirás sobre la misma línea, poniendo más y más parches como soluciones sintomáticas para un sistema que está colapsando a nivel global, por sus problemas estructurales. Más que hacer política, te invito a atreverte a realizar con toda la seriedad que conlleva los distintos cuestionamientos que hemos visto, así como a plantear el rediseño nuestro sistema educativo; uno que

egrese personas que sepan pensar de manera crítica, sistémica y basada en el método científico, cuyas bases estén alineadas con la realidad no solamente actual, sino también con la que queremos para el futuro. De igual manera puedes comenzar con implementaciones pequeñas. Recuerda que estamos en un mundo donde todo queda documentado, y todos somos candidatos a que en el futuro se realice algún documental de nuestra vida y aportación. **¿Cuál sería el tema si en el futuro se realizara un documental sobre ti? ¿Corrupción e Ineptitud?**

7. **Con tu familia.** Puedes recomendarles y/o regalarles este libro, y tener diálogos con ellos, para saber cómo les impacta a nivel personal, en sus estudios, en sus trabajos o empresas. Anímalos a hacerse las preguntas fundamentales, y hazles saber que estás con ellos para apoyarles. Sé ejemplo con ellos y cuando tomes decisiones o te involucres en determinados proyectos, explícales con detalle porqué lo haces y cómo ello está relacionado con un pensamiento sistémico, crítico, con visión de largo plazo, buscando el mayor beneficio para todos.

Sé ejemplo.

Difunde y recomienda el mensaje de este libro.

Ayuda a incrementar el nivel de consciencia de la población, formando un pensamiento hipercrítico, con visión sistémica.

12 - ¿Y luego? ¿Qué sigue o qué?

¿Sigues aquí?

¿A poco quieres seguir leyendo?

NO, ¡ya sigue poner todo en práctica!

Está bien, si deseas profundizar más, particularmente en las bases para formar un modelo de pensamiento coherente, sistémico y altamente productivo, te recomiendo el primer libro que escribí. Se titula **"Desarrollo de Actitudes y Habilidades Emprendedoras (DAHE)"**, y es una Guía de Autoaprendizaje para Formación Emprendedora en Tiempos de Crisis y de Redefinición de Modelos Socioeconómicos y Políticos.

Puedes conocer más sobre el libro DAHE en este vínculo: **https://www.amazon.com.mx/gp/product/B0743YMLTC**

Solamente que este libro es un manual de trabajo, no es una lectura rápida como este material. Consta de un poco más de 600 páginas de contenido, que incluyen un diseño editorial muy padre, referencias bibliográficas, gráficas, estadísticas, un compendio de frases, etc.

Si eres una **institución educativa especialmente de nivel superior**, seguramente platicando podremos acordar el realizar un convenio de colaboración. También hemos colaborado con media superior, pero nuestro principal enfoque ha sido nivel superior.

Te invito también a conocer nuestra empresa, y los distintos servicios que tenemos disponibles para **educación, gobierno y empresas**:

Sitio web: https://web.emprendhec.com

Nuevamente, si deseas enviarme algún comentario o retroalimentación para integrar en siguiente actualización del material, aquí mis datos de contacto:

Info sobre mí: https://sway.office.com/WWI8fgi79t2O5Uo4

En redes sociales aparezco con mi nombre completo. Solamente uso Facebook, LinkedIn y muy poco Twitter.

¿Te gustó este libro?

Por favor deja un comentario en Amazon.

¿Consideras que le puede servir a otras personas?

Recomiéndalo con tus contactos y en redes sociales.